黑龙江省自然科学基金项目（LC2018012）
中国博士后基金项目（2019M651240）
哈尔滨学院青年博士科研启动基金项目（HUDF2017220）

木材生态学属性与室内装饰界面材料

杨 扬 著

哈尔滨工程大学出版社
Harbin Engineering University Press

内 容 简 介

　　室内装饰材料对环境造成的污染日益严重,为改善生态环境质量,创造健康的室内环境,本书从环境学和心理生理学的角度出发,选定了室内装饰界面材料生态学属性试验参数,然后开展了室内装饰界面材料生态学属性参数试验,并开展了室内装饰界面材料视觉心理感觉评价试验,然后基于层次分析法对室内装饰界面材料生态学属性进行了分析和评价,验证了木材的生态学属性优势,探讨了室内空间木质视觉环境对人体生理及心理的影响以及木材生态学属性在室内设计中的应用。

　　本书可供从事室内装饰、人体工程学等领域的工程技术人员、科研人员和中高等职业院校的教师和学生使用。

图书在版编目(CIP)数据

　　木材生态学属性与室内装饰界面材料 / 杨扬著. —
哈尔滨:哈尔滨工程大学出版社,2019.7
　　ISBN 978 - 7 - 5661 - 2355 - 8

　　Ⅰ.①木… Ⅱ.①杨… Ⅲ.①室内装饰 - 装饰材料—
木材 - 研究 Ⅳ.①TU56

　　中国版本图书馆 CIP 数据核字(2019)第 131155 号

选题策划	石　岭
责任编辑	王俊一　马毓聪
封面设计	博鑫设计

出版发行	哈尔滨工程大学出版社
社　　址	哈尔滨市南岗区南通大街 145 号
邮政编码	150001
发行电话	0451 - 82519328
传　　真	0451 - 82519699
经　　销	新华书店
印　　刷	哈尔滨市石桥印务有限公司
开　　本	787 mm × 960 mm　1/16
印　　张	6.25
字　　数	125 千字
版　　次	2019 年 7 月第 1 版
印　　次	2019 年 7 月第 1 次印刷
定　　价	39.80 元

http://www.hrbeupress.com
E-mail:heupress@ hrbeu.edu.cn

前　言

室内装饰材料对环境造成的污染日益严重,为改善生态环境质量,创造健康的室内环境,本书关注室内装饰设计的发展,针对木材生态学属性与实际室内装饰设计相脱节的现状,将多学科知识交叉融合对其进行研究,具有明显的学术理论深度、经济实用价值和社会实践意义。

本书从环境学和心理生理学的角度出发,选定了室内装饰界面材料生态学属性试验参数,开展了室内装饰界面材料生态学属性参数和视觉心理感觉评价试验,然后基于层次分析法对室内装饰界面材料生态学属性进行了分析和评价,验证了木材的生态学属性优势,并探讨了室内空间木质视觉环境对人体生理及心理的影响以及木材生态学属性在室内设计中的应用。本书取得了以下研究成果。

(1)从环境学和心理生理学的角度出发,探讨了室内装饰界面材料生态学属性的影响因素,选定了室内装饰界面材料生态学属性的 5 个试验参数:光反射性、光泽度、冷暖感、隔声性和吸声性。

(2)解决了以往研究仅以木材单一材料为研究对象的问题,开展了室内装饰界面材料生态学属性参数试验和视觉心理感觉评价试验。试验结果表明,与其他常用室内装饰界面材料相比,木材具有良好的生态学属性。

(3)剖析了运用层次分析法评价室内装饰界面材料生态学属性的可行性,建立了室内装饰界面材料生态学属性层次分析评价模型,提出了常用室内装饰界面材料的综合排名从高到低依次为木材、石膏、石材、玻璃、金属,验证了木材在常用室内装饰界面材料中的生态学属性优势。

(4)研究了木材生态学属性在室内设计中的应用,检验了木材在室内装饰界面材料中的优越性。

从材料生态学属性的角度出发,创造舒适健康的室内环境是未来室内装饰设计发展的方向,改进木材基础性能、回收废旧木材、探索新型生态材料是材料科学研究者仍须继续探索的重要研究内容。

著　者

2019 年 3 月

目　　录

1 绪 论

1.1 研究背景及意义

1.1.1 生态环境保护是一个国际性研究热点

人类自诞生以来,就在不断地享受自然、利用自然和改造自然。在科学技术飞速进步、经济迅猛发展的今天,人类在享受着自然提供的丰富物质的同时,也在破坏着自然。20 世纪中晚期,人口的剧增和生活方式的无节制等导致二氧化碳排放量日益增大,全球环境不断恶化,土地沙漠化、温室效应等一系列的环境污染问题频繁出现,严重威胁人类的生存环境和健康安全。1974 年在墨西哥召开的"资源利用、环境与发展战略方针"专题研讨会,提出要实施各种有利于环境保护的方针、政策来控制各种污染物的排放。1992 年 6 月,在巴西里约热内卢召开了联合国环境与发展大会,旨在建立人类活动对环境产生影响的行动规则,标志着人类对环境发展的认识进入了一个崭新的阶段,对于人类迈向文明时代起到了关键性的作用。低碳、生态、可持续发展是当今世界使用频率最高的词汇,环境保护已成为世界各国共同关注的热点,因此,研究室内生态环境的影响具有重要的社会意义。

经济发展所引发的资源短缺、环境污染等一系列环境危机问题,引起了全世界的高度重视。环境危机表现为现代工业经济增长方式与环境保护的矛盾。现代工业能够取代传统农业,最主要的原因是现代工业打破了传统农业静态循环的经济模式,在经济上取得了突破性的增长,但是现代工业发展只是追求单纯的经济增长,忽略了自然循环的重要法则,致使在生产过程中造成了许多能源消耗和环境污染。2007 年 12 月 3 日,在印尼巴厘岛举行了联合国气候变化大会,制订了世人关注的应对气候变化的"巴厘岛路线图",该"路线图"要求发达国家在 2020 年前将本国温室气体减排25%至40%,以减少二氧化碳所带来的经济问题。低碳经济理念已成为世界未来发展的重要决策依据。因此,研究室内生态环境对于经济发展的影响具有重要的经济意义。

我国古代传统哲学思想蕴含着丰富的生态学哲理,这是由于中国传统哲学思想的主要内容就是哲学与生态观念的有机联系和统一。老子《道德经》中的"人法地,地法天,天法道,道法自然",阐述了人类产于天地自然,生于天地自然,取法于天地自然,因而必须效法天地自然的观点;《周易》主张"夫大人者与天地合其德,与日月合其明,与四时合其序,与鬼神合其吉凶"的天人协调思想;孔子也认为人类应该崇尚自然、敬畏自然,与自然和谐相处,正所谓"钓而不纲,弋不射宿"。古往今来,人类都是与环境共生共存的,研究室内生态环境具有重要的文化意义。

保护生态环境已成为众多学科研究的热点,这主要是由于人类的发展需要以自然为依托。当自然环境遭到破坏,各种灾难接踵而至时,人们才意识到要创造良好的生存环境。人类要满足日益增长的物质文化需求,就必须营造良好的生态环境,保护人类赖以生存的物质家园。室内生态环境研究是适应生态环境实际需要而发展出的多学科交叉的综合性研究,研究者一方面运用美学、材料学、心理生理学等学科的相关理论知识,对室内环境的评价指标进行试验,采用仿真模拟技术,研究材料的生态学属性对室内环境的影响;另一方面将生态大环境的相关概念引入室内小环境,研究室内小环境中材料的生态学属性,对室内小环境设计提出了更高层次要求。因此,研究室内生态环境具有重要的学术意义。

1.1.2 室内装饰材料带来的环境污染问题已相当严峻

党的十九大提出的"要不断增强可持续发展的能力,改善生态环境,提高资源利用率,促进人与自然的和谐发展"等一系列改善生态环境的方针、政策,对室内装饰行业提出了更高要求,也为人类实现生态化发展提供了重要理论依据。

室内装饰材料是室内设计的物质基础,对于室内装饰工程的质量起到了决定性的作用,在室内设计中有着至关重要的地位。室内装饰材料的质感、色彩和纹理等决定了室内设计的装饰效果。室内装饰材料不但可以满足人们的物质需求,而且可以丰富人们的精神生活。然而,室内装饰材料也给社会发展带来了潜在的危机。据统计,世界总能耗的1/3来自建筑能耗,建筑业二氧化碳气体排放量约占人类二氧化碳气体排放量的30%，建筑业的水泥和钢材消耗量约占世界水泥和钢材总消耗量的40%。室内装饰行业作为建筑业的重要组成部分，对于如此巨大的能源消耗有着不可推卸的责任。

近年来，中国房地产市场不断升温，建筑装饰材料生产规模的扩大和销售数量的增加使各种建筑装饰材料导致的环境污染问题日益增多。室内装饰行业对环境造成的污染中，室内装饰材料造成的污染占相当大的比例。有关资料显示，室内环境中材料所造成的污染导致的疾病占全球疾病的4%以上，全世界每年有200万人死于室内环境中材料所造成的空气污染问题。由此可见，室内环境中材料对环境的污染已成为危害人类健康的隐形杀手。诸多由材料导致的室内环境污染所引发的各种"现代病"，严重地影响了人们的身心健康，应该引起社会的高度重视。只有采取有效的措施，降低室内环境污染，提高室内环境总体质量，在营造舒适室内环境的同时，注重室内环境中材料对人类健康的影响，尽可能使用无污染、无毒害、无放射性、可回收利用的材料，才能创造良好的室内空间环境。室内装饰材料的大量生产和使用，已经严重污染了室内外环境。材料所造成的室内环境污染问题，已经引起了室内装饰行业的高度关注，人们开始重视装饰材料的环保性能，并对其进行深入研究，以减少对环境造成的污染。

1.1.3 木材的合理运用为室内装饰行业生态化 发展带来契机

纵观室内装饰发展历史，造型和材料的不断更新一直是其主要支撑和发展的推动力。近年来，随着科学技术的发展，室内装饰行业在追求多层次、多风格的同时，在环境保护方面进一步发展，更为重视运用绿色环保装饰材料，从而营造健康舒适的室内环境。20世纪初，以著名建筑大师赖特为代表的一批具有先进意识的建筑大师对当代木构建筑进行了成功的探索，这为人们正确理解木构建筑体系，重新认识和发展木建构文化传统提供了十分重要的思路。合理选用装饰材料是保证室内设计环保性能的关键，而材料本性是环保的核心，即材料因体现本性而获得价值。木材以其独特的生态学属性，在室内装饰材料中占据了不可替代的位置。

有关研究表明，木结构在物化阶段消耗的能源与钢结构、混凝土结构相比较少。对于同一建筑，用木结构代替钢结构将减少27.75%的能源消耗；用木结构代替混凝土结构则将减少45.24%的能源消耗。对于独栋别墅,钢结构和混凝土结构物化阶段的二氧化碳排放量是木结构物化阶段二氧化碳排放量的3.5倍。用木结构构件代替钢结构或混凝土结构构件,在物化阶段可以有效减少能源消耗和二氧化碳排放量,从而使木材生长量高于采伐量,实现木材资源的永续利用。

木材是一种由天然高聚物形成的复合体,其中含有50%的"碳素",其独有的生态学属性、环境学特性和固碳供氧功能,是任何材料无法替代的。有关研究表明,林木每生长 $1 m^2$,平均吸收 $1.83 t$ 二氧化碳。天然木质材料不但可以满足人们返璞归真、回归自然的心理需求,而且不会排放对人的身体有害的气体。

木材作为当今四大建筑材料(钢材、水泥、木材和混凝土)中唯一可以自然再生的材料,在人们居住环境中起到了至关重要的作用,直接关系到室内环境的质量及人们的身心健康。从资源、能源、生态环境与自然协调及可持续发展角度,开发和选用木材,研究木材的生态学属性,对减缓气候变化、实现室内设计生态化发展具有十分重要的意义。木材的合理运用为室内建筑装饰生态化发展带来了契机。

1.2 文 献 综 述

1.2.1 室内设计现状及发展趋势

随着社会发展和时代变迁,现代室内设计发展越来越趋向于多种形式并行发展。室内设计学科的独立性日益增强,过去的室内设计学科主要依托于建筑设计学科发展,现今除建筑设计学科外,室内设计学科与许多学科(包括一些边缘性学科)的联系也日益明显。此外,室内设计在多层次、多风格发展的同时,对于室内装饰标准与质量的要求也不断提高。健康安全的室内环境是人们正常生产、生活的前提。佟理认为,现代室内设计中最突出的问题是人们生态环境保护意识过于薄弱,所以,应本着保护环境、保护生态平衡和资源的原则来进行室内设计。

20世纪60年代以来,西方发达国家所面临的环境问题日益严峻,促使人们开始思索环境保护问题。建筑业所消耗、浪费的资源占人类从自然中获取资源的一半以上,与建筑有关的污染占总污染的1/3,建筑业产生的垃圾占人类活动产生的垃圾的一半以上,建筑业的节能环保对于保护自然环境起着举足轻重的作用,于是关于生态建筑设计的探索研究应运而生。室内设计是建筑设计的有机组成部分,没有生态化室内环境就没有真正意义上的生态建筑。

现代室内设计在材料运用方面大量使用人工合成的材料,其中释放出的刺激性气体严重危害人类的健康。据最近一项调查,全球近50%的人正遭受室内空气污染的危害。目前,我国每年由室内空气污染引起的超额死亡人数已经达到11.1万。另一项调查表明,现代人平均有90%的时间生活和工作在室内,而现代城市中室内空气污染程度则比室外高数倍,室内空气污染严重地危害着人类的健康。因此,合理使用材料成为做好室内设计的关键,材料本身成为绿色环保问题的核心,天然材料的应用也成为室内绿色设计的重要手段。

室内设计过度耗用材料,会浪费大量不可再生的自然资源,使生态环境遭到严重破坏,对室内设计的可持续发展产生负面影响。因此,合理地利用资源,杜绝材料的浪费是未来室内设计实现可持续发展的关键所在。

现代室内设计的"时效性"使室内装饰处在不断更新的过程中,被拆除的室内装饰材料由于不能循环使用而被丢弃成为垃圾,变为环境的污染源。因此,研究室内设计首先就要从生态角度出发来研究室内装饰材料。

1.2.2 室内生态设计现状及发展趋势

室内生态设计是指在室内设计中融入生态学和环境学思想,将自身纳入生态循环系统的设计方法。室内生态设计的目的是紧密地把人类与自然联系起来,真正实现人类与自然的融合。1999年6月,国际建筑师协会第20届世界建筑师大会通过了吴良镛教授起草的《北京宪章》,这一对21世纪建筑发展最具重要意义的纲领性文献,为人们指出了人类与自然和谐共生、科技与人文共同进步的指导方向。生态设计成为设计界广泛关注的问题,同时也促进了人们生活水平从温饱型的"居者有其屋"向小康型的"居者优其屋"快速发展。

2005年2月16日《京都议定书》正式生效,对节能减排规定了具体指标,引起了各国的高度重视。面对全球低碳经济发展需求,一些发达国家率先设计生产低碳地板、低碳装饰材料,打造低碳酒店、低碳家居,为室内设计的生态化发展奠定了坚实的基础。

生态设计就是面向环境的设计,是一种把可回收性、可拆装性、可维修性、可再生性、可重用性等一系列环境参数作为设计目标的设计过程。生态设计与可持续发展理念是不可分割的,生态设计关系到人类与环境的关系,设计应遵循生态性原则,达到人与自然的和谐统一。室内装饰材料的发展趋势,一方面是利用现代科学技术成果,开发新型现代装饰材料;另一方面则是从生态平衡、回归自然的观念出发,运用天然材料,实现材料的返璞归真。室内生态设计的前提就是选用生态环境材料,采用绿色技术,节约常规能源。

室内设计行业应当以人类社会与生态环境和谐共荣为主导思想,对相关成果进行综合研究,探索生态化理念下室内设计中功能舒适美与环境视觉美之间的和谐发展问题,促使我国新时期的室内设计真正实现生态化。

1.2.3 室内装饰界面材料及其生态化应用现状

生态环境可持续发展是 21 世纪最迫切的研究课题。生态建筑作为建筑学的研究热点备受人们关注,室内设计生态化发展是生态建筑研究的主要内容,而材料是室内设计的物质基础。20 世纪 90 年代以来,室内设计行业兴起,促进了室内装饰材料的发展。同时,室内装饰材料对室内环境所造成的污染问题也日益严峻。室内设计的种种问题,也是由室内装饰材料导致的污染和对室内装饰材料的浪费所引发的。室内装饰材料所造成的空气污染、噪声污染等,严重威胁人类健康。

室内装饰材料是指主体结构完工后,进行室内墙面、天花、地面装饰以及室内空间美化处理所需要的材料。它既是具有装点效果的装饰性材料,又是能够满足人们使用需求的功能性材料。室内装饰界面材料是指室内环境六面体(墙面、天花、地面)所使用的材料。室内装饰界面材料的选用,不仅要满足功能技术的要求,也要符合造型审美的需要,即达到人类物质层面和精神层面的双赢。

室内装饰材料的合理运用,可以提高室内环境品质,创造健康安全、舒适美观的室内环境。现代室内设计中,设计师不仅重视材料所带来的视觉感受,在表现材料自身独特属性方面也考虑到了材料所带来的生态效益。20 世纪 90 年代初,日本学者山本良一首先提出生态环境材料的概念,这一概念为 21 世纪材料科学发展指明了新的方向。

生态环境材料是指具有良好使用性能和环境协调性的材料。目前,人们对生态环境材料的认识还存在一定误区。有些设计师认为只要运用生态环境材料就不会对人体造成伤害,忽视了材料的过度使用对环境及人类健康所造成的影响。然而,现实情况表明,盲目地大量运用木材、大理石等天然环保材料,会浪费珍贵的装饰材料,造成天然资源严重耗费。因此,能否合理地使用材料、正确地认识材料的属性,对于室内设计行业能否可持续发展起到决定性的作用。

20世纪中叶,许多欧美国家开始使用生态环境材料,并在其研制和开发方面取得了显著成果。生态环境材料主要有天然材料、循环再生材料、低环境负荷材料、环境功能材料、多功能复合材料等,其中的天然材料又包括天然矿物、木材、竹材、土材等。在众多生态环境材料中,木材被认为是"最具有环保性"的生态环境材料,它不仅具有可再生、可循环利用、低碳环保等诸多特性,还具有舒适宜人的特性。

1.2.4 木材生态学属性及其应用现状

国外专家在1999年首先提出了木材在建材中具有生态学优势,考虑到全球碳排放量,木材是一种远优于砖、铝、钢等材料的建材。国内专家李坚教授等在木材生态学属性研究方面取得了丰硕的成果:木材源于自然,拥有大自然赐予的诸多生态学属性,由其构建的室内空间表现出宜人的环境氛围;木材保温御寒性能良好,可以为消费者节省空调的电费,节约能源;木材是可再生资源,有效地使用木材资源可以促进生态环境平衡;木材在建筑领域的发展前景相当广阔,21世纪将是一个以科学知识为基础、以技术经济为核心的知识经济时代,木材产业比以往更依赖知识的生产、传播和应用。

木材具有良好的固碳性,能够有效降低大气中二氧化碳的含量,从而降低温室气体对环境产生的负面影响。木材在降低建筑及室内装饰综合能量消耗、保护自然资源可持续发展方面也有着突出的优越性,能够有效降低建筑对环境的负面影响。随着建筑环境意识的加强和木构建筑技术的长足进步,木材在建筑及室内装饰中的应用范围也越来越广。木材资源的珍贵地位日益突出,随着科学技术不断发展,虽然出现了许多以塑代木、以钢代木的实例,但由于消费者对木材的喜爱心理,木材在很多领域有着无法取代的地位,几乎所有国家对木材的需求量有增无减。从生态和可持续发展角度来看,合理开发和利用木材资源是一个具有长远发展前景的研究方向。木材作为建材具有三个优势:①具有生态效应,在生长过程中能够促进环境改善,在使用过程中可以减少环境污染;②可再生,若开发合理将源源不绝;③能够节约能源,这主要是因为其具有导热系数小、比热容大的特点,且在生产加工的过程中,其所耗费的能量与其他材料相比较小。以上内容充分证明,木材在建材中具有明显的生态学优势。

1.3　研究方案的提出

回归自然,与自然协调发展是人类社会永恒的主题。随着经济建设和科学技术迅猛发展,各种始料未及的生态环境问题揭示了单纯追求经济增长的弊端,固有的思维模式和传统的发展模式面临着新的挑战,历史把人类推到了文明发展的新阶段。

近年来,现代科技的发展使新材料、新技术和新设备层出不穷,人类对居住环境的要求也在不断提高,对室内设计提出了更高的要求。人类追求的不再是简单的栖身之地,而是能在工作之余满足生理心理需求、调节精神生活的健康舒适的居住环境。因此,室内设计需要更加注重人与自然相互平衡。

已有的研究结果表明,材料是室内设计实现生态化发展的根本。木材虽然具有良好的生态学属性和固碳性,但其生态学优势并没有完全通过实验被证明,木材应用于室内装饰界面所发挥的生态学效应还没有受到社会的广泛关注。因此,木材生态学属性在室内装饰界面材料中的应用具有重要的研究价值。

1.4　研究方法及技术路线

本书采用了文献分析、实验研究、层次评价、仿真模拟、理论总结等相结合的研究方法,从室内设计发展现状入手,分析室内装饰界面材料造成的环境污染问题,阐明研究室内装饰界面材料生态学属性对室内设计发展的重要性;运用心理生理学和环境学方法,选定共同影响室内环境的重要参数;根据选定的试验参数对常用室内装饰界面材料(木材、石膏、玻璃、金属、石材)进行生态学属性参数(光反射性、光泽度、冷暖感、隔声性、吸声性)试验;采用层次分析法,构建常用室内界面材料生态学属性模型,确定参数权重,根据试验数据进行综合评分分析,优选木材;采用理论分析的方法,归纳木材生态学属性在室内设计中的应用。

本书研究内容属于应用基础研究,力求在学科交叉中实现应用基础创新。

2 室内装饰界面材料生态学属性

2.1 本 章 引 论

室内设计生态化发展一直是人类追求的目标,既要满足生态环境的可持续发展,又要满足人类基本的生理、心理需求。随着物质生活水平的不断提高,人们对健康方面的关注度逐渐提高。人的一生大部分时间都是在室内环境中度过的,室内环境中的污染直接影响着人类的生存与健康。在室内环境中,材料的环保性是室内建筑行业衡量环境污染的重要指标。1998 年,中国生态环境材料研究战略研讨会上给出了生态环保材料的定义:同时具有令人满意的使用性能和良好的环境协调性,能够改善、净化和修复环境的材料。这一概念对室内环境建设提出了新的挑战。生态环保材料的广泛应用,从本质上减少了有害气体排放对人类健康造成的危害,有利于创造有益于人类身心健康的生存环境。

室内装饰界面材料具有独特的生态学属性,对室内装饰界面材料生态学属性的试验,应权衡不同生态学属性的重要性,进而选取试验参数。

基于对以往研究的认真总结和对其他领域研究方法的学习借鉴,本章将环境学和心理生理学研究方法应用于室内装饰界面材料对室内微环境的影响研究中,选定了室内装饰界面材料生态学属性参数。

2.2　环境学及其研究方法

2.2.1　环境学

环境学是一门研究人类(或生物体)生存环境质量及如何对其进行改善的学科,以人类(或生物体)生存和发展的物质条件为主要的研究对象,研究以人类为主体的外部世界。环境按性质可以分为自然环境和社会环境:自然环境是一切直接或间接影响人类的自然形成的物质、能量与现象的总和;社会环境是人类生存及活动范围内的物质、精神条件的总体概括。环境按范围可分为大环境和小环境:大环境是宇宙、地球或地区的环境;小环境是小范围内特定的栖息地。本书所说的室内环境就是小环境的一部分。

我国古代已有关于人与环境关系的研究。"孟母三迁"这个典故充分说明了古代人在生活中已经体会到环境对人格的塑造作用,不过当时的人对环境的关注只限于可选择的周围客观环境。20 世纪 30 年代,心理动力场研究专家 K. Lewin 开始研究环境对人类的影响,探索将物理学中"场"的概念移植到心理学中进行研究,并得出结论:人的行为是人的个体与环境两个变量的函数,这里的环境指的是心理环境,而不是通常所说的客观环境。环境研究专家 Barry J. Fraser 认为,K. Lewin 在场论方面的创造性贡献为人们对环境学的研究提供了新的思路。

2.2.2　环境学研究方法

环境学研究方法主要包括生态学方法、系统分论法和模型法。生态学方法即利用野外调查、试验获得有关数据,并建立生态模型进行试验,从而预测人类未来的环境状况。系统分论法即通过研究结构与功能来实现对未来的预测和观察,是现代科学普遍运用的环境学研究方法。模型法即通过建立模型寻求复杂环境系统中各因素之间的数量关系和动态机理关系,把握环境问题的主要内容和内在规律。环境学是一门新兴的学科,虽然发展迅速,但终究尚未成熟,许多重要的问题有待研究解决,许多理论和方法还需要进行深入的探讨。

2.2.3 环境学理论应用于室内微环境的研究

根据治理对象的不同,生态环境中的污染可分为固态废弃物污染、噪声污染、空气污染和水污染。室内微环境中也存在着与生态环境中相同的污染,这些污染不仅危害着生态环境,同时也在室内微环境中对人类的健康造成了极大的威胁。

1. 室内微环境中的固态废弃物污染研究

废弃物根据存在的状态可以分为固态废弃物、液态废弃物和气态废弃物,其中,固态废弃物具有独特的时间特征和空间特征。随着科技的进步、生活水平的提高,矿产等资源的浪费现象屡见不鲜。现在的固态废弃物将来可能成为资源,这就是固态废弃物的时间特征。固态废弃物只是相对于某一过程失去了使用价值,并非是对一切过程都失去了使用价值。某一生产活动所产生的固态废弃物,往往可以作为另一生产活动的原料,这就是固态废弃物的空间特征。

室内微环境中的固态废弃物污染主要是室内装饰材料的边角余料所造成的污染。常见的室内装饰材料固态废弃物包括石材废弃物、陶瓷废弃物、木材废弃物、塑料废弃物和玻璃废弃物等。石材废弃物主要是厨房、窗台台面以及地面的边角废料,如图 2-1 和图 2-2 所示。陶瓷废弃物主要是厨房、卫生间的墙面、地面的贴面材料废料,如图 2-3 和 2-4 所示。对于陶瓷废弃物通常的处理办法就是遗弃。目前,人们对石材废弃物、陶瓷废弃物的综合利用前景十分看好,但还没有能够真正地解决石材废弃物和陶瓷废弃物对环境造成的固态废弃物污染问题。需要注意的是,在回收石材废弃物、陶瓷废弃物时,其中可能存在的放射性物质对人类的健康有着一定的危害。木材废弃物主要为装修后废弃的木模板、木方以及木材加工的边角余料等,如图 2-5 和图 2-6 所示。木材废弃物通常被热解、水解利用,或加工后制作成人造板、新型复合材料等。即使不被再次利用,只要没有被当作薪材烧掉,木材废弃物仍可以发挥其固碳作用,实现储碳的环保功能。塑料废弃物主要为 PVC 管的边角余料、破损的防护网、包装材料的塑料薄膜、编织袋、泡沫塑料、盛装油漆的桶和废弃的塑料门窗等,如图 2-7 和图 2-8 所示。玻璃废弃物主要为门窗、幕墙、阳台栏板等的边角料及玻璃碎片等。塑料废弃物和玻璃废弃物虽有一定的回收利用价值,但是由于目前的技术水平有限,还不能对其进行二次利用。因此,塑料废弃物、玻璃废弃物等室内微环境中的固态废弃物对生态环境的协调发展起到一定的负面作用。

图2-1　石材废弃物(1)

图2-2　石材废弃物(2)

图2-3　陶瓷废弃物(1)

图2-4　陶瓷废弃物(2)

图 2-5 木材废弃物(1)

图 2-6 木材废弃物(2)

图 2-7 塑料废弃物(1)

图 2-8 塑料废弃物(2)

2. 室内微环境中的噪声污染研究

随着人们对环境污染认识的不断加深,噪声污染已经成为现代城市居民最为重视的环境污染之一。自 1966 年至今,日本因污染导致的公诉案件有 2 万多起,其中,因噪声污染导致发生的案件最多,占总案件的 37.3%。目前,我国城市噪声诉讼案件已占环境污染诉讼案件的 40% 左右,如此严重的噪声污染问题引人深思。

室内微环境中的噪声污染会对人的身心健康产生巨大的影响。噪声会影响人的工作和学习效率,使人变得容易烦躁、激动、发怒,甚至失去理智。噪声对工作、学习的影响如图2-9所示。人长期生活在有噪声污染的环境中,不但会影响心理健康,也会对生理健康造成一定的损害。实验表明,噪声可以刺激人的肾上腺素分泌,引起心率和血压升高。人血液中的肾上腺素含量显著增加可能导致癌细胞数量由于热能的升高而呈现明显的上升趋势。目前,室内噪声主要来自三个方面:一是通过围护结构传入室内的噪声;二是室内机械设备产生的噪声;三是建筑内部相互传递的噪声。吸声、隔声性能好的材料对于环境中的噪声污染具有一定的调节作用,合理、正确地使用吸声、隔声材料可以降低室内空间中的噪声,改善人们的生活条件,使人们远离噪声的危害。

图2-9 噪声对工作、学习的影响

3. 室内微环境中的空气污染研究

随着现代工业的发展,特别是对煤、石油等化石能源的过度开采和使用,产生了大量的有害物质,其中最主要的是一氧化碳、二氧化硫等有害气体,这些气体对大气造成了严重的污染。

空气的质量和人们的健康有着密切的关系,并直接影响人们的工作与生活。污染的空气会使人们的工作效率降低,甚至导致人体机能下降。有关调查显示,室内微环境空气污染导致了35.7%的呼吸道疾病,22%的慢性肺病,15%的气管炎、支气管炎和肺癌。由此可见,室内微环境空气污染严重威胁人类的健康。

空气是组成大气的物质之一,室内微环境中空气的质量不仅影响着室内微环境中的人的健康,在某种程度上对室内微环境之外的大气环境也有一定的影响。室内微环境中的空气污染主要来源于装饰材料,如人造板材(图2-10、图2-11)、油漆、涂料(图2-12)、胶黏剂(图2-13)和家具等,主要的污染物有甲醛,苯及其有机化合物,一氧化碳、二氧化碳、二氧化硫等有机挥发物。这些污染物威胁着人们的健康,同时也对大气造成了污染和破坏。二氧化碳的过量排放会增强温室效应,使全球气候变暖、冰川融化、海平面上升,最终给人类乃至地球带来巨大的灾难;二氧化硫等硫化物是酸雨的重要诱因,酸雨浸渍过的土壤、水体中的生物会因为酸雨的作用死亡。室内装饰界面材料的加工过程也对环境有着一定的污染,如金属冶炼过程中会产生大量的二氧化硫。虽然室内微环境中空气污染的污染物不是导致大气污染的主要原因,但是仍要对室内装饰界面材料加工过程中排放出来的污染物高度重视,毕竟地球只有一个,只有在保护人类健康的同时保护生态环境,才能守护好我们赖以生存的家园。

图 2-10 人造板材(1)

图 2-11 人造板材(2)

图 2-12 油漆

图 2-13 胶黏剂

4. 室内微环境中的水污染研究

水是生命的源泉,对人类的生存、发展具有决定性的作用,而人类对于水环境的破坏也是巨大的。据有关资料,工业用水的 70% 都会作为工业废水排放到江河湖海当中,造成水环境质量下降,影响水体正常的使用功能,导致水生物大量死亡等一系列环境污染问题。在室内微环境中,室内装修排放的废水量微乎其微,基本不会对生态环境造成污染。

2.3　心理生理学及其研究方法

2.3.1　心理生理学

心理生理学是医学心理学的重要分支学科之一,这里所说的心理是指与观念、情感相关的心理特征,生理是指与大脑结构功能相关的情感与感念的结合。心理生理学是一门综合性学科,它与生理学、神经学、心理学等学科有着密切的联系,研究内容主要是从生理学角度研究心理学的问题,即研究人的心理与行为如何与生理变化相互作用。

20 世纪 70 年代初,生理心理学家就开始研究生理状态对心理状态的影响。生理心理学最为关注的是导致心理活动的生理机制。近年来,生理心理学家表现出了对中央神经系统的浓厚兴趣。图 2 – 14 为脑的功能性磁共振成像(functional magnetic resonance imaging,fMRI),图 2 – 15 为脑的事件相关电位(event related potential,ERP)。

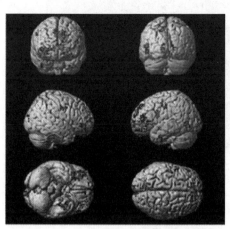

图2-14 脑的功能性磁成像

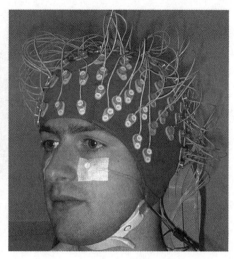

图2-15 脑的事件相关电位

2.3.2 心理生理学研究方法

心理生理学研究方法主要包括实验法和临床观察法,都是以心理和行为为自变量,生理指标为因变量,借助各种仪器观察对应各种不同心理和行为的生理变化。图2-16为脑电图(electroencephalogram,EEG)的测量,图2-17为心电波形,图2-18为皮肤电流反应(galvanic skin response,GSR)传感器。

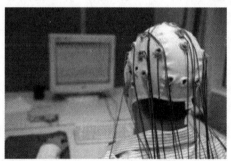

图2-16 脑电图的测量

图 2 - 17　心电波形

图 2 - 18　皮肤电流反应传感器

心理生理学研究方法运用严密的实验设计、客观的测量手段以及可靠的数理统计,来准确揭示心身之间的相互关系,这有助于深入地了解心理刺激如何通过中枢神经系统、内分泌系统和免疫系统影响生物机体,机体的变化又怎样反馈给大脑而影响人的心理。

2.3.3　心理生理学理论应用于室内微环境的研究

人时时刻刻受着外界的刺激,这些刺激都是通过人的感受来传递的,而人的感受主要通过眼睛、耳朵、鼻子、皮肤来完成,体现在视觉、听觉、嗅觉、触觉四个方面。外界会对人的器官产生刺激,使人产生不同的心理和生理变化,进而产生某种主观的情感和态度。应用心理生理学研究方法可以进行室内微环境中人对材料的感受特性研究。

当进入室内空间时,人对于室内环境的感受首先是通过眼睛传达的视觉感受。

然后是通过耳朵传达的听觉感受,室内环境是嘈杂还是静谧。与此同时,室内环境中的材料散发出的气味也会飘入鼻子,通过对嗅觉的刺激使人产生情感变化。当室内环境中的材料与皮肤接触时,材料对触觉的刺激会影响人的审美心理,不同材料的不同肌理往往给人不同的心理暗示,使人产生冷或暖、粗糙或细腻、柔软或坚硬等的心理感受,从而触动人的内心深处。人对材料的感知是人的感觉器官对材料的综合印象,在感受室内环境的过程中眼睛、耳朵、鼻子、皮肤所带来的视觉、听觉、嗅觉、触觉感受直接影响着人的心理和生理健康。

1. 室内微环境中视觉感受研究

据调查统计,人的大脑接受的外界刺激中,视觉刺激(如图2－19和图2－20所示)是排在第一位的,约占80%以上,这说明视觉对人产生的影响是最直接的,视觉是人接受外来信息的主要途径。材料的视觉特性主要由视觉物理量与视觉心理量来表征。人们生活在室内环境中,眼睛无时无刻不接受着环境中材料所带来的视觉刺激,室内装饰材料的颜色、光泽度、纹理的美观程度等都会通过人眼传递给大脑,大脑对这些信息进行加工处理,形成不同的心理感受。因此,室内装饰材料首先要满足人的视觉美感要求,吸引人的视觉注意,才能使人产生良好的心理感受。

人眼所获得的视觉感受影响人的工作效率和学习兴趣,研究室内微环境中人对不同材料的视觉感受可以提高人类的生活质量。优质的室内环境不仅要给人带来良好的视觉感受,还要给人带来舒适的心理感受和健康的生理感受。因此,材料的视觉特性对于室内微环境评价起到了至关重要的作用,只有充分利用材料的生态学属性,才能创造出适宜人类居住的良好生存环境。

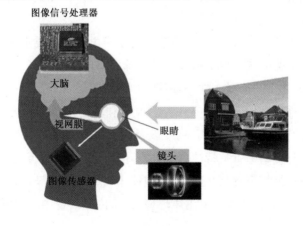

图2－19　视觉刺激(1)

19

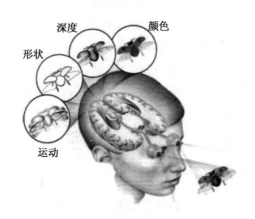

图2-20 视觉刺激(2)

2. 室内微环境中听觉感受研究

视觉的直观性和触觉的敏感性使听觉在室内设计中往往处于被忽视的地位。人的生活离不开声音,然而有些声音是人们不需要的,比如噪声。人类生活在声音的世界中,并借助声音进行信息的传递与感情的交流。有关统计表明,现今全世界有超过7 000万人因噪声而导致耳聋。随着噪声音量的增大,人体的肾上腺素的分泌量、心率和血压也会随之升高,进而影响心脏的正常功能。此外,噪声还会导致人体产生失眠、眩晕、恶心等一系列不良生理反应。在噪声环境中,人会容易烦恼、发怒、情绪激动,甚至丧失理智。由此可见,噪声对人类的生理和心理所造成的影响是不容忽视的。

随着社会的不断进步,人们对室内微环境中声学感受的要求越来越高,有关室内微环境噪声污染的问题也越来越多。设计师对室内空间尤其是电影院、会议室、音乐厅、礼堂等公共空间的吸声性、隔声性愈来愈重视。

对材料的听觉特性的研究主要有音乐声学和环境声学两个方向,前者主要研究材料因振动而产生的频率、音调、响度以及音色,后者主要研究材料的吸声和隔声性能。本书中对材料的听觉特性主要进行环境声学方向的研究。

通过材料把建筑与声音相互联系,合理使用材料来摒弃噪声,降低噪声所带来的室内微环境污染,创造舒适的室内声环境,是室内微环境中听觉感受研究的主要内容。

3. 室内微环境中嗅觉感受研究

室内微环境中不同的气味会使人的心情产生不同的变化。对材料的嗅觉特性主要研究材料的抽提物和有机挥发成分所散发的气味对人类生理和心理所产生的影响。在室内装饰材料中,只有木材有着天然的香气,这种香气使人仿佛置身于森林中,感觉清爽、舒适,木材中含有芳香油成分,这种成分不仅有消除压力、促进睡眠的功能,对人类的健康也是非常有益的。因此,对室内装饰材料中木材的嗅觉特性进行研究是非常必要的。

4. 室内微环境中触觉感受研究

和视觉一样,触觉也可以直接感受物体所传递的某种信息。在室内微环境中,人不可避免地要触碰到材料,材料刺激人的皮肤表层的感受器,将材料所具有的物理特性传递给人的大脑,人便产生了触觉感受。人在接触不同材料时,心理感受不同,生理指标变化不同,这与材料的组织构造和物理性质有关,材料的空隙率、密度和硬度决定了材料的质感,质地紧密的材料通常导热性能较好,会使人们感觉光滑、凉爽,质地疏松的材料通常导热性能较差,会使人感觉粗糙、温暖。

人在接触材料时的生理指标变化幅度越大,对人体产生的负面影响就越大。因此,在室内微环境中应尽量使用对人体刺激较小的材料,这有利于创造对人身体健康有益的良好室内微环境。

2.4　室内装饰界面材料生态学属性试验参数选定

从环境学角度出发,基于室内装饰界面材料对室内微环境造成的固态废弃物污染、噪声污染、空气污染和水污染,研究室内装饰界面材料生态学属性试验参数,结果表明,室内装饰界面材料生态学属性试验参数有吸声性、隔声性等。从心理生理学角度出发,基于室内微环境中室内装饰界面材料带给人的视觉感受、听觉感受、嗅觉感受、触觉感受,研究室内装饰界面材料生态学属性试验参数,结果表明,室内装饰界面材料生态学属性试验参数有颜色、光泽度、光反射性、纹理美观程度、冷暖感、粗滑感、软硬感、吸声性、隔声性、振动频率、音调、响度、音色、气味。

本书根据室内装饰界面材料生态学属性试验参数重要性权衡结果以及业内权威意见,选定了本书的室内装饰界面材料生态学属性试验参数:光反射性、光泽度、冷暖感、隔声性、吸声性。

2.5　本章小结

本章从环境学和心理生理学角度出发对室内装饰界面材料生态学属性试验参数进行研究,确定了室内装饰界面材料生态学属性指标(颜色、光泽度、光反射性、纹理美观程度、冷暖感、粗滑感、软硬感、吸声性、隔声性、振动频率、音调、响度、音色、气味),并根据室内装饰界面材料生态学属性试验参数重要性权衡结果以及业内权威意见,选定了本书的室内装饰界面材料生态学属性试验参数:光反射性、光泽度、冷暖感、隔声性、吸声性。

3 室内装饰界面材料生态学属性参数及视觉心理感觉评价试验

3.1 本章引论

本书第 2 章从环境学和心理生理学角度探讨了室内装饰界面材料的生态学属性试验参数的选定,并按照重要性将试验参数定为:光反射性、光泽度、冷暖感、隔声性、吸声性。为了更进一步研究室内装饰界面材料的生态学属性,从试验角度分析木材的生态学属性优势,本章进行了室内装饰界面材料生态学属性参数试验。试验结果在一定程度上能够验证目前众多学者提出的"木材具有良好的生态学属性"这一论断的准确性。

目前国内外关于室内装饰界面材料生态学属性试验的研究很少,仅有的几个研究均是以木材单一材料为研究对象,且研究方式单一,并没有建立相应的仿真模型。鉴于木材、金属、石材、玻璃、石膏是应用最广、最具代表性的室内装饰界面材料,本书选定这五种材料进行研究,分析其生态学属性,这对室内装饰界面材料发展具有的重要理论和应用价值。

刘一星教授和于海鹏教授在木材的光反射性、光泽度等试验中,对木材、不锈钢板和玻璃进行了对比分析,认为木材具有光泽柔和、温暖舒适的特点。木材科学专家邱肇荣对木材、铁和混凝土的导热率、热容和热扩散率进行了比较,认为木材作为室内装修材料,能够有效调节温度,给人温暖的接触感。

室内设计的目的是创造适宜人类居住的环境。室内装饰界面材料的选用,不仅要满足实用需求和审美需求,还要尽量减少对环境的污染和对人的感官的刺激。材料因为体现本性才获得价值,室内装饰界面材料的环保性直接影响人的身心健康。

本书选取樟子松、柞木两种木材作为针叶材和阔叶材的代表,即以樟子松板和柞木板为木材的代表。本书以常用的室内装饰界面材料——木材(以樟子松板和柞木板为代表)、金属(以不锈钢板为代表)、玻璃(以平板玻璃板为代表)、石材(以花岗岩板为代表)、石膏(以石膏板为代表)为研究对象,对室内装饰界面材料生态学属性进行评价。

3.2 室内装饰界面材料生态学属性试验

3.2.1 室内装饰界面材料光反射性试验

光反射率是物体表面反射光的强度与入射光的强度之比,表征材料对光的反射性能,即光反射性,可以用反射率测定仪来测量。了解室内装饰界面材料的光反射率对于营造舒适、宜人的室内光环境是极其重要的。在商业空间中,对商品或展品进行展示设计,首先要选择合适的材料,尽量避免运用光反射率较大的材料,防止眩光对眼睛造成伤害,以保证购物者的购物过程舒适、安全。

人们在室内装饰过程中选用的灯具,往往忽视了合理的采光需要,仅从豪华的方面考虑,把灯光设计得五颜六色,添加一些不必要的光源,提高室内空间光的强度,并且大量使用光滑的、光反射率高的材料,造成了一定的光污染。长期居住在这样的环境中对人的健康是极为不利的,尤其是对正处于生长发育阶段的儿童的身心会造成极大的伤害。有研究表明,耀眼的灯光会对人的视力产生很大的伤害,干扰人的大脑中枢高级神经的正常功能,使人产生头晕目眩、站立不稳、头痛、失眠、注意力不集中、食欲下降等不良反应。办公室荧光灯发出的大量紫外线可以使人体细胞大量死亡。

1. 试验材料与方法

试验材料为樟子松板、柞木板、不锈钢板、平板玻璃板、花岗岩板、石膏板,尺寸均为 $200\ mm \times 200\ mm \times 10\ mm$,采购于哈尔滨市某建材市场。

试验仪器为 C84 - Ⅱ 反射率测定仪,如图 3 - 1 所示,重复精度为 0.3%。

图 3－1　C84－Ⅱ 反射率测定仪

挑选表面光洁平整、颜色均匀的樟子松板、柞木板、不锈钢板、平板玻璃板、花岗岩板、石膏板各一块，用干净的白色软布擦拭干净，然后分别在各个试验材料表面随机选取 5 个测量点（用测量点 1、测量点 2、测量点 3、测量点 4、测量点 5 表示），每个测量点均测量两次，记录试验数据。对于樟子松板和柞木板，需要对入射光方向平行、垂直于木材纹理方向的光反射率分别进行测量。

2. 结果与讨论

樟子松板、柞木板、不锈钢板、平板玻璃板、花岗岩板、石膏板依次用 A、B、C、D、E、F 表示。A－平行，表示入射光方向平行于木材纹理方向的樟子松板；A－垂直，表示入射光方向垂直于木材纹理方向的樟子松板；B－平行，表示入射光方向平行于木材纹理方向的柞木板；B－垂直，表示入射光方向垂直于木材纹理方向的柞木板。

试验材料的光反射率见表 3－1。

表 3－1 试验材料的光反射率

试验材料	测量点1/%		测量点2/%		测量点3/%		测量点4/%		测量点5/%		平均值/%	标准差/%	差异系数
A－平行	45	46	47	49	47	45	47	48	44	45	46.30	1.57	0.03
A－垂直	42	41	43	42	44	42	41	40	44	42	42.10	1.29	0.03
B－平行	39	37	38	39	36	37	38	35	40	42	38.10	2.02	0.05
B－垂直	35	37	36	38	37	36	39	37	36	35	36.60	1.26	0.03
C	86	85	84	82	88	86	89	88	85	87	86.00	2.11	0.02
D	79	81	80	81	82	83	78	75	78	76	79.30	2.58	0.03
E	64	66	65	63	68	67	65	63	67	68	65.60	1.90	0.03
F	53	54	58	57	59	57	52	51	55	57	55.30	2.71	0.05

　　常用室内装饰界面材料中的木材、金属、玻璃、石材、石膏分别以樟子松板及柞木板、不锈钢板、平板玻璃板、花岗岩板、石膏板为代表。试验结果表明,如图3-2所示,试验材料按照光反射率由大到小顺序排列,依次为不锈钢板、平板玻璃板、花岗岩板、石膏板、樟子松板、柞木板。不锈钢板的光反射率远远大于樟子松板和柞木板的光反射率,表示金属的光反射率远远大于木材的光反射率。

　　据有关研究,让人眼感受最舒适的室内装饰界面材料光反射率为40%~60%。根据试验结果,常用室内装饰界面材料中只有木材和石膏板的光反射率在这个范围内。光反射率高的室内装饰界面材料,如金属、玻璃等,可以提高室内空间的明亮度,但也容易造成眩光,进而直接伤害人的视力,对人的身体健康构成了极大的威胁;光反射率低的室内装饰界面材料,如木材、石膏等,可以降低室内空间的明亮度,减少光反射对视力的负面影响。从不同角度观察木材,产生的视觉效果不同,这是由于木材的光反射率同入射光的角度有着密切的关系。试验结果表明,入射光平行于木材纹理方向时的光反射率与入射光垂直于木材纹理方向时的光反射率不同,针叶材的光反射率略大于阔叶材的光反射率。综上所述:常用室内装饰界面材料按照光反射性由好到坏的顺序排列,依次为石膏、木材、石材、玻璃、金属;木材具有较为适宜的光反射率。

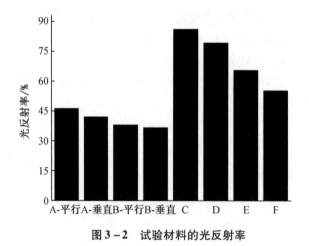

图3-2　试验材料的光反射率

3.2.2　室内装饰界面材料光泽度试验

　　光泽度是用数字表示的物体表面接近镜面的程度,可以用仪器来进行测量和评价。不同行业对于光泽度的表示方法不同,在木材加工行业中,光泽度指木材表面光泽的强弱程度,通常用便携式光泽度仪来测量。光泽度仪主要通过测量、计算反射光强度与入射光强度的比值(反射比)来确定光泽度,通常将黑玻璃的光泽度作为光泽度的参考标准,样品的光泽度就是样品规则反射比与黑玻璃参考标准规则反射比的比值,光泽度测量方法参照国家标准 GB/T 4893.6—2013《家具表面漆膜理化性能试验 第6部分:光泽测定法》。

1. 试验材料与方法

试验材料为樟子松板、柞木板、不锈钢板、平板玻璃板、花岗岩板、石膏板,尺寸均为 200 mm×200 mm×10 mm,采购于哈尔滨市某建材市场。

试验仪器为 WGG60 通用型光泽度仪,如图 3-3 所示,示值误差为 ±1.5。

图 3-3　WGG60 通用型光泽度仪

挑选表面光洁平整、颜色均匀的樟子松板、柞木板、不锈钢板、平板玻璃板、花岗岩板、石膏板各一块,用干净的白色软布擦拭干净,然后分别在各个试验材料表面随机选取 5 个测量点(用测量点 1、测量点 2、测量点 3、测量点 4、测量点 5 表示),入射角度为 60°,每个测量点均测量两次,记录试验数据。对于樟子松板和柞木板,需要对入射光方向与木材纹理方向成 60°角、入射光方向垂直于木材纹理方向的光泽度分别进行测量。

2. 结果与讨论

樟子松板、柞木板、不锈钢板、平板玻璃板、花岗岩板、石膏板依次用 A、B、C、

D、E、F 表示。A - 平行,表示入射光方向与木材纹理方向成 60°角的樟子松板;A - 垂直,表示入射光方向垂直于木材纹理方向的樟子松板;B - 平行,表示入射光方向与木材纹理方向成 60°角的柞木板;B - 垂直,表示入射光方向垂直于木材纹理方向的柞木板。

试验材料的光泽度见表 3 - 2。

表 3 - 2　试验材料的光泽度

材料	测量点1/%		测量点2/%		测量点3/%		测量点4/%		测量点5/%		平均值/%	标准差/%	差异系数
A - 平行	8.5	8.4	8.6	8.7	8.2	8.3	8.7	8.6	8.4	8.6	8.45	0.20	0.02
A - 垂直	6.8	6.6	6.4	6.5	6.7	6.8	6.6	6.5	6.4	6.5	6.55	0.13	0.02
B - 平行	4.2	4.4	4.3	4.4	3.9	4.1	4.3	4.4	4.3	4.2	4.25	0.16	0.04
B - 垂直	4.8	4.9	4.7	4.5	4.9	4.7	4.5	4.6	4.8	4.6	4.70	0.15	0.03
C	401	403	406	405	398	399	400	399	403	402	401.60	2.67	0.01
D	299	298	301	297	302	300	296	298	299	300	299.00	1.83	0.01
E	90.5	90.3	90.3	90.1	90.4	90.3	90.5	90.7	90.4	90.5	90.40	0.16	0.00
F	20.5	20.7	20.8	20.7	20.9	20.7	20.4	20.3	20.4	20.6	20.60	0.19	0.01

常用室内装饰界面材料中的木材、金属、玻璃、石材、石膏分别以樟子松板及柞木板、不锈钢板、平板玻璃板、花岗岩板、石膏板为代表。试验结果表明,如图 3 - 4 所示,试验材料按照光泽度由大到小顺序排列,依次为不锈钢板、平板玻璃板、花岗岩板、石膏板、樟子松板、柞木板。不锈钢板和平板玻璃板的光泽度远远大于其他试验材料的光泽度,不锈钢板的光泽度大约是樟子松板及柞木板的光泽度的40 倍。

据有关研究,让人眼感受最舒适的室内装饰界面材料光泽度为 10% ~30%。根据试验结果,常用室内装饰界面材料中只有石膏板的光泽度在这个范围之内,木材的光泽度略低于10%。光泽度较高的室内装饰界面材料,如金属、玻璃等,在室内空间中具有较好的光泽感,带给人明快、简约的感觉;光泽度较低的室内装饰界面材料,如木材、石膏等,在室内空间中光泽感较差,带给人古朴、细腻的感觉。从不同角度观察木材,产生的视觉效果不同,这是由于木材的光泽度与光反射率一样,同入射光的角度有着密切的关系。试验结果表明,入射光与木材纹理方向成60°角时的光泽度与入射光垂直于木材纹理方向时的光泽度不同,针叶材的光泽度略大于阔叶材的光泽度。综上所述:常用室内装饰界面材料按照光泽度由好到坏的顺序排列,依次为石膏、木材、石材、玻璃、金属;木材具有较好的光泽度。

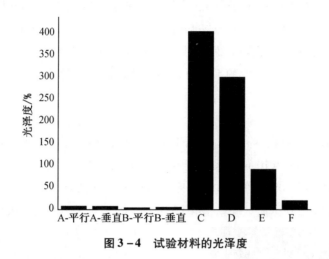

图3-4　试验材料的光泽度

3.2.3　室内装饰界面材料冷暖感试验

热环境设计是室内设计的重要组成部分。在研究室内温度的基础上探索室内设计,对于创造更加适宜人类居住的室内环境是十分必要的。室内热环境主要是指由室内空气温度、室内空气湿度、室内空气流动速度以及围护结构内面之间的辐射热等组成的一种室内环境。室内热环境的影响因素有很多,如建筑规划与设计,室内空间外部的温度、湿度、风速,建筑构造的处理方法,建筑材料的性能,室内空间可调节温、湿度和风速的设备,以及室内装饰界面材料等。人在室内空间中活动时,不论是休息、工作,还是学习,都不可避免地要接触室内装饰界面。人的皮肤接触到某一材料时,材料具有的物理特性便会刺激皮肤表层,使人产生温暖或寒冷的感受。研究室内装饰界面材料的冷暖感,对于改善室内热环境、创造舒适的室内空间具有重要的现实意义。

冷暖感是寒冷和温暖的感觉的总称。人体内部的平均温度为37 ℃,皮肤表面的温度大约为32 ℃,若在室温下与室内装饰界面材料接触,人体与室内装饰界面材料之间必会发生热移动,使人产生一定的冷暖感。外界温度较皮肤温度高0.4 ℃或更多,人体就会产生温暖的感觉;外界温度较皮肤温度低0.15 ℃或更多,人体会产生寒冷的感觉。让人既不感觉冷也不感觉热的温度称为生理零度,一般为32 ℃左右,相当于皮肤表面的温度。日本学者樱川等将贴有热流计的手掌平放于试验材料上,对测得的手掌刚接触试验材料时的热流速度与 10 min 后的热流速度进行比较,得到了人体感受最舒适的材料热流速度为 7 ~ 10 W/(m·℃)。本书中冷暖感是指手掌与室内装饰界面材料接触时的冷暖感受,用被试者被试与试验材料接触时指尖皮肤表面温度的平均值和心理冷暖感觉来表征。

1. 试验材料与方法

试验材料为樟子松板、柞木板、不锈钢板、平板玻璃板、花岗岩板、石膏板,尺寸均为 200 mm × 200 mm × 10 mm,采购于哈尔滨市某建材市场。

试验仪器:Gxp - 108 便携式皮肤温度计,如图 3 - 5 所示,最小显示值 0.1 ℃;FYL - YS - 50L 福意联恒温试验箱,如图 3 - 6 所示,温度控制精度 ±0.5 ℃。

图 3 - 5　Gxp - 108 便携式皮肤温度计　　　图 3 - 6　FYL - YS - 50L 福意联恒温试验箱

将试验材料置于恒温试验箱(25 ℃ ±1 ℃)内 7 天,待试验材料温度稳定后将其拿出,放入恒温室待用。试验时,被试者进入恒温室,安静 15 min 后,在其手指上贴上皮肤温度计的传感器,令其将手掌平放在试验材料表面,持续 300 s。每隔 15 s 记录一次皮肤温度计示数,60 s 后每隔 60 s 记录一次皮肤温度计示数。试验开始后,在被试者手掌接触试验材料表面 10 s 后,以口头询问的方式询问其心理冷暖感觉。心理冷暖感觉分为“冷”“凉爽”“稍凉”“不冷不热”“有点热”,分别对应分值 1,2,3,4,5。被试者人数为 100 人。

2. 结果与讨论

樟子松板、柞木板、不锈钢板、平板玻璃板、花岗岩板、石膏板依次用 A、B、C、D、E、F 表示。被试者与不同试验材料接触过程中指尖皮肤表面温度的平均值见表 3 - 3。

表3-3　被试者与不同试验材料接触过程中指尖皮肤表面温度的平均值　单位:℃

试验材料	接触时间/s								
	0	15	30	45	60	120	180	240	300
A	32.90	31.93	32.13	32.23	32.38	32.50	32.65	32.80	32.88
B	32.85	31.55	31.85	32.10	32.30	32.48	32.63	32.75	32.85
C	32.93	27.78	28.38	29.18	29.65	30.18	30.43	30.70	31.10
D	32.83	29.03	29.33	29.53	30.83	31.23	31.43	31.63	31.68
E	32.80	28.03	28.40	29.33	30.35	30.63	30.80	30.98	31.18
F	32.95	30.75	31.05	31.40	31.68	31.78	31.90	32.05	32.35

被试者与不同试验材料接触时的心理冷暖感觉分数见表3-4。

表3-4　被试者与不同试验材料接触时的心理冷暖感觉分数

	A	B	C	D	E	F
平均值	3.50	3.80	1.00	1.80	1.30	2.50
标准差	0.58	0.50	0.00	0.50	0.50	0.58
差异系数	0.17	0.13	0.00	0.28	0.38	0.23

由试验数据可得到被试者与不同试验材料接触过程中指尖皮肤表面温度的平均值的变化情况,如图3-7所示。

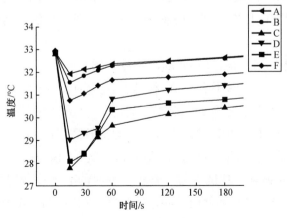

图-7　被试者与不同试验材料接触过程中指尖皮肤表面温度的平均值的变化情况

从图 3 - 7 中可以看出,被试者与不锈钢板、平板玻璃板和花岗岩板接触过程中指尖皮肤表面温度平均值的变化情况基本相同,刚接触时,被试者指尖皮肤表面温度的平均值都出现了快速降低的现象。与不锈钢板接触时被试者指尖皮肤表面温度平均值的变化最为明显,接触后 15 s 就降到了 27.78 ℃,变化较大,达到 5.15 ℃,在随后的 45 s 中被试者指尖皮肤表面温度的平均值快速上升,接触 60 s 后被试者指尖皮肤表面温度的平均值缓慢上升,接触 300 s 时被试者指尖皮肤表面温度的平均值依旧低于接触前被试者指尖皮肤表面温度的平均值,这表明被试者与不锈钢板接触时,指尖皮肤表面温度平均值的变化较大,且恢复到接触前指尖皮肤表面温度的平均值所需时间较长。被试者与樟子松板、柞木板和石膏板接触过程中指尖皮肤表面温度的平均值的变化情况基本一样。以樟子松板为例,接触后,被试者指尖皮肤表面温度的平均值缓慢降低,接触 15 s 后降到 31.93 ℃,变化较小,仅为 0.97 ℃,在随后的 45 s 中被试者指尖皮肤表面温度的平均值缓慢上升,接触 60 s 后被试者指尖皮肤表面温度的平均值上升更加缓慢,接触后 300 s 时被试者指尖皮肤表面温度的平均值虽然依旧低于接触前被试者指尖皮肤表面温度的平均值,但是差值小于 0.7 ℃。被试者接触樟子松板、柞木板和石膏板 300 s 后指尖皮肤表面温度平均值基本恢复到接触前指尖皮肤表面温度平均值,这表明被试者与樟子松板、柞木板和石膏板接触时,指尖皮肤表面温度平均值的变化较小,且恢复到接触前的指尖皮肤表面温度平均值所需时间较短。

按照接触 15 s 后被试者指尖皮肤表面温度的平均值的变化由小到大的顺序对试验材料进行排列,依次为樟子松板、柞木板、石膏板、平板玻璃板、花岗岩板、不锈钢板;按照接触 300 s 后被试者指尖皮肤表面温度的平均值的变化由小到大的顺序对试验材料进行排列,依次为樟子松板、柞木板、石膏板、平板玻璃板、花岗岩板、不锈钢板。

被试者与不同试验材料接触时的心理冷暖感觉分数平均值如图 3 - 8 所示。材料的心理冷暖感觉分数平均值越高,材料越不容易让人产生寒冷的感觉;材料的心理冷暖感觉分数平均值越低,材料越容易让人产生寒冷的感觉。被试者与樟子松板和柞木板接触时的心理冷暖感觉分数平均值较高,分别为 3.50 和 3.80,表示被试者与樟子松板和柞木板接触时的心理冷暖感觉在"稍凉"和"不冷不热"之间,不容易产生寒冷的感觉。被试者与石膏板接触时的心理冷暖感觉分数平均值为 2.50,表示被试者与石膏板接触时的心理冷暖感觉在"凉爽"和"稍凉"之间。被试者与平板玻璃板和花岗岩板接触时的心理冷暖感觉分数平均值较低,分别为 1.80

和1.30,表示被试者与平板玻璃板和花岗岩板接触时的心理冷暖感觉在"冷"和"凉爽"之间。被试者与不锈钢板接触时的心理冷暖感觉分数平均值最低,只有1.0,表示被试者与不锈钢板接触时的心理冷暖感觉是"冷"。此外,试验结果表明,针叶材较阔叶材更容易让人产生寒冷的感觉。

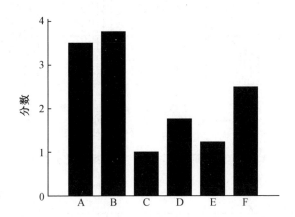

图 3-8 被试者与不同试验材料接触时的心理冷暖感觉分数平均值

综上所述:按照冷暖感由好到坏的顺序对常用室内装饰界面材料进行排列,依次为木材、石膏、玻璃、石材、金属;木材具有较为适宜的冷暖感。

3.2.4 室内装饰界面材料隔声性试验

材料的隔声性与吸声性差异较大,优质的隔声材料不一定具有良好的吸声性。材料的隔声性由声源从材料一侧透射过材料的声能的大小决定,透射过材料的声能越小,材料的隔声性越好。材料的吸声性由材料一侧声源遇到的其反射声能的大小决定,反射声能越小,材料的吸声性越好。材料的吸声性一般用吸声系数衡量,吸声系数一般用小数表示。

材料的隔声性通常用隔声量来衡量,隔声量越大,材料的隔声性越好。有关研究表明,材料的隔声量与面密度和声波频率有关。隔声量随面密度与声波频率乘积变化分布图如图3-9所示。常用建筑材料的平均隔声量随面密度分布图如图3-10所示。人耳的可接受声波频率范围是 100~3 150 Hz,当材料的隔声临界频率正好处于这个频率范围内时,声波频率会对材料的隔声性有较大影响;当材料的隔声临界频率处于这个频率范围之外时,声波频率对材料的隔声性影响较小。

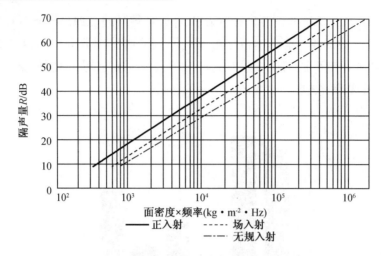

图 3-9　隔声量随面密度与声波频率乘积变化分布图

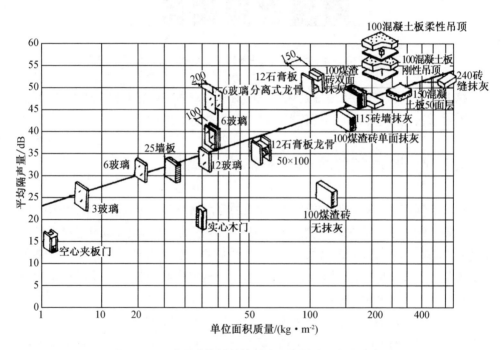

图 3-10　常用建筑材料的平均隔声量随面密度分布图

1. 试验材料与方法

试验材料为樟子松板、不锈钢板、平板玻璃板、花岗岩板、石膏板,尺寸符合试验要求,采购于哈尔滨市某建材市场。

试验仪器为白噪声发生器、放大器、转换开关、滤波器、声级记录仪、传声器、扬声器、导线。测试环境布置如图 3 - 11 所示,白噪声发生器如图 3 - 12 所示,滤波器如图 3 - 13 所示。

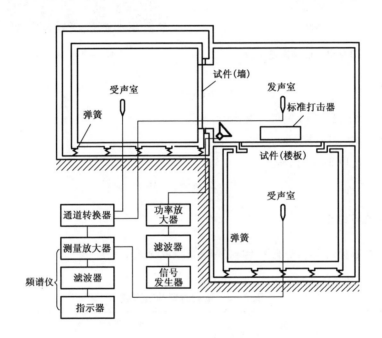

图 3 - 11　测试环境布置

参考 GB/T 50121—2005《建筑隔声评价标准》进行试验,运用公式计算隔声量。

声波垂直射入时,有

图 3 – 12　白噪声发生器

图 3 – 13　滤波器

$$R = 20\log Mf - 43 \tag{3-1}$$

式中　M——试验材料的面密度,$kg \cdot m^{-2}$;

　　　f——声波频率,Hz。

声波无规则射入时,有

$$R = 20\log Mf - 48 \tag{3-2}$$

2. 结果与讨论

由试验数据计算得到的试验材料的隔声量见表 3 – 5。

表 3 – 5　试验材料的隔声量

试验材料	厚度/mm	面密度/(kg·m⁻²)	声波频率/Hz					
			125	250	500	1 000	2 000	4 000
樟子松板	6	3	11	13	16	21	25	23
	12	8	18	20	24	24	25	30
	40	24	24	25	27	30	38	43
石膏板	7	6.8	12	20	23	29	32	32
	9	8.7	19	22	25	28	34	23
	12	9.3	25	28	31	34	40	29
平板玻璃板	12	2.5	23	26	26	30	34	34

表 3 - 5（续）

试验材料	厚度/mm	面密度/(kg·m⁻²)	声波频率/Hz					
			125	250	500	1 000	2 000	4 000
不锈钢板	10	2.6	18	17	23	28	34	38
	12	5.2	23	23	28	28	37	40
花岗岩板	12	2.7	15	18	20	21	23	25

从表 3 - 5 中可以看出，材料的隔声量主要由厚度、面密度和声音频率决定。对于同一种材料，厚度是隔音量的重要影响因素，这是由于比较薄的材料本身就容易振动，而材料振动不利于对声音的阻隔，反之，材料越厚越不容易振动，越有利于对声音的阻隔。材料的厚度和面密度一定时，其隔声量与声波频率有关，声波频率越大，材料的隔声量就越大。对于同一种材料，面密度是一定的，厚度越大，声波频率越大，隔声性越好。对于厚度相同的不同材料，面密度越大，声波频率越大，隔声性越好。从表 3 - 5 中可以看出，与其他常用室内装饰界面材料相比，木材具有优越的隔声性。

3.2.5　室内装饰界面材料吸声性试验

材料吸声的原理：声源发出的声波射入材料表面的孔隙能够引起孔隙中空气的振动，在摩擦阻力和空气黏滞阻力的作用下，一部分声能转化为热能，导致声能减少，达到吸声的目的。可以将其简单地理解为声波撞击材料表面导致能量损失。所有的材料都具备吸声性，只是有些材料的吸声性很差。材料对入射声波的反射越小，声波越容易进入和透过材料，材料的吸声性就越好。质地疏松、孔隙较大、透气能力较强的多孔性材料一般都具有较好的吸声性。

1. 试验材料与方法

试验材料为樟子松板、不锈钢板、平板玻璃板、花岗岩板、石膏板，尺寸符合试验要求，采购于哈尔滨市某建材市场。

实验仪器包括驻波管、探管、扬声器、振荡器、传声器、放大器、滤波器等。驻波管最大直径要接近所要分析的声波波长的1/2,驻波管最小长度为所要分析的声波波长的1/4,本试验选用的两个驻波管直径分别为30 mm 和100 mm。驻波管法测量吸声系数的装置如图3-14所示。

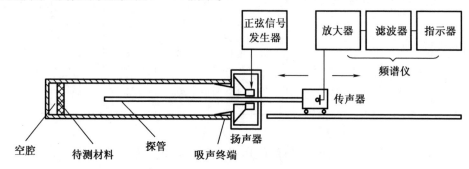

图3-14 驻波管法测量吸声系数的装置

参考 GBJ 88—85《驻波管法吸声系数与声阻抗率测量规范》进行试验,使驻波管中入射波和反射波相互叠加形成驻波,计算驻波管法吸声系数测定值,并利用公式进行推导计算。

令驻波比

$$S = \frac{P_{\min}}{P_{\max}} \tag{3-3}$$

式中　$P_{\min}$——驻波的波腹处振幅;

　　　$P_{\max}$——驻波的波节处振幅。

$$S = \frac{1 - |R|}{1 + |R|} = \frac{1 - \sqrt{1-\alpha}}{1 + \sqrt{1-\alpha}} \tag{3-4}$$

式中　R——材料的反射系数;

　　　α——材料的吸声系数。

故 α 可以表示为

$$\alpha = \frac{4S}{(1+S)^2} \tag{3-5}$$

2. 结果与讨论

由试验数据可计算得到试验材料的吸声系数,见表3-6。

表3-6 试验材料的吸声系数

试验材料	厚度/mm	频率/Hz					
		125	250	500	1 000	2 000	4 000
樟子松板	7	3	3.5	5.6	5.5	15.9	14.8
樟子松板	15	4.6	5.2	7.1	6.5	11.2	19.4
樟子松板	17	4.6	3.3	8.3	7.8	13.1	21.3
平板玻璃板	3	0.35	0.25	0.18	0.12	0.07	0.04
平板玻璃板	7	0.01	0.03	0.04	0.05	0.02	0.05
石膏板	7	3.3	3	3.1	3.9	4.6	5.3
石膏板	10	3.4	3..3	3.3	4.4	5	5.5
石膏板	15	3.6	3.5	3.4	4.4	5.1	5.6
不锈钢板	5	1.6	1.4	1.5	1.7	2	2.4
不锈钢板	7	1.7	1.5	1.5	1.8	2.1	2.5
不锈钢板	10	1.8	1.5	1.6	1.9	2.3	2.6
花岗岩板	7	0.01	0.01	0.01	0.01	0.02	0.02

从表3-6中可以看出,材料的吸声系数主要受厚度和声波频率的影响。对于同种材料,厚度越大,吸声性就越好。材料的孔隙率越高,对高频声波的反射和与低频声波的共振越强烈,吸收声能的效果就越好。金属吸声性不好,这和其孔隙率低的特点有关。石膏板是一种用石膏制成的防火薄板材料,常用的石膏板不是很重或很厚,高频声波遇到石膏板时主要发生声波的反射,而低频声波遇到石膏板时会发生共振而达到吸声效果。平板玻璃板是用硅酸盐混合物制成的一种透明板状材料,通过振动几乎可以完全反射高频声波,吸收一部分低频声波。木材的孔隙率虽然高,但是内部的孔隙不连通,没有经过处理的木材的吸声系数不高。综上所述,与其他常用室内装饰界面材料相比,木材具有优越的吸声性。

3.3 室内装饰界面材料视觉心理感觉评价试验

室内环境会对人的心理产生一定影响,而视觉引起的心理感觉要比听觉、触觉引起的心理感觉强烈得多。李坚院士、刘一星教授等著名学者做了大量有关木材视觉心理感觉的研究,但并未对木材视觉心理感觉和其他室内装饰界面材料视觉心理感觉进行对比、分析,因此有必要对其进行深入的探讨。

主观评价法是主体对从某一给定刺激上得到的知觉量做出直接评价,并对评价量给出合适的数量值。本书选取综合反映室内装饰界面材料视觉特点,并能够在一定程度上与室内装饰效果评价有关的 8 种视觉心理感觉,即"优美""温暖""豪华""自然""舒适""素雅""明快"和"刺激",运用主观评价法,进行室内装饰界面材料视觉心理感觉评价试验。

3.3.1 试验材料与方法

试验材料为樟子松板、柞木板、不锈钢板、平板玻璃板、花岗岩板、石膏板,尺寸均为 200 mm × 200 mm × 10 mm,采购于哈尔滨市某建材市场。

采用问卷调查的形式,让被试者对 6 种常用室内装饰界面材料(樟子松板、柞木板、不锈钢板、平板玻璃板、花岗岩板、石膏板)进行 8 种视觉心理感觉("优美""温暖""豪华""自然""舒适""素雅""明快""刺激")的评价。评价尺度共分为 7级,评价语言对应评分的示例如图 3 - 15 所示。

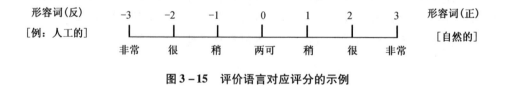

图 3 - 15 评价语言对应评分的示例

具体评价过程如下。

让被试者依次看到 6 种常用室内装饰界面材料,请被试者对 6 种常用室内装饰界面材料进行关于"优美""温暖""豪华""自然""舒适""素雅""明快"和"刺激"8种视觉心理感觉的评价,并将评分填入调查问卷的表格中。被试者人数为100人,调查问卷见附录。

3.3.2 结果与讨论

樟子松板、柞木板、不锈钢板、平板玻璃板、花岗岩板、石膏板依次用 A、B、C、D、E、F 来表示。被试者对试验材料视觉心理感觉评分平均值见表 3-7。

表 3-7 被试者对试验材料视觉心理感觉评分平均值

试验材料	优美	温暖	豪华	自然	舒适	素雅	明快	刺激
A	1.8	0.3	1.1	1.5	1.6	2.1	0.9	−0.9
B	2.0	2.5	0.8	1.6	2.1	1.7	1.4	0.6
C	−0.5	−1.2	0.2	−0.5	−0.3	0.0	1.5	0.8
D	0.3	0.2	1.2	0.9	0.4	0.6	1.7	1.0
E	0.9	−1.2	1.3	1.3	−0.2	−0.1	1.0	1.7
F	−0.2	0.2	−0.6	−0.2	−0.2	0.1	−0.4	0.3

由表 3-8 可以得到图 3-16。由图 3-16 可知,对于"优美"这一视觉心理感觉,被试者对试验材料的评分由高到低依次为柞木板、樟子松板、花岗岩板、平板玻璃板、石膏板、不锈钢板;对于"温暖"这一视觉心理感觉,被试者对试验材料的评分由高到低依次为柞木板、樟子松板、平板玻璃板和石膏板、不锈钢板和花岗岩板;对于"豪华"这一视觉心理感觉,被试者对试验材料的评分由高到低依次为花岗岩板、平板玻璃板、樟了松板、柞木板、不锈钢板、石膏板;对于"自然"这一视觉心理感觉,被试者对试验材料的评分由高到低依次为柞木板、樟子松板、花岗岩板、平板玻璃板、石膏板、不锈钢板;对于"舒适"这一视觉心理感觉,被试者对试验材料的评分由高到低依次为柞木板、樟子松板、平板玻璃板、花岗岩板和石膏板、不锈钢板;对于"素雅"这一视觉心理感觉,被试者对试验材料的评分由高到低依次为樟子松板、柞木板、平板玻璃板、石膏板、不锈钢板、花岗岩板;对于"明快"这一视觉心理感觉,被试者对试验材料的评分由高到低依次为平板玻璃板、不锈钢板、柞木板、花岗岩板、樟子松板、石膏板;对于"刺激"这一视觉心理感觉,被试者对试验材料的评分由高到低依次为花岗岩板、平板玻璃板、不锈钢板、柞木板、石膏板、樟子松板。

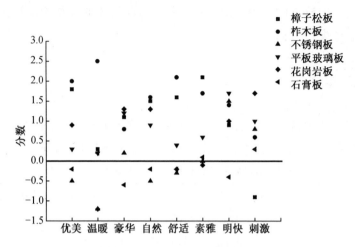

图 3-16 被试者对试验材料视觉心理感觉评分平均值

3.4 本 章 小 结

本章以常用的室内装饰界面材料木材(以樟子松板和柞木板为代表)、金属(以不锈钢板为代表)、玻璃(以平板玻璃板为代表)、石材(以花岗岩板为代表)、石膏(以石膏板为代表)为研究对象,进行室内装饰界面材料生态学属性参数(光反射性、光泽度、冷暖感、隔声性和吸声性)试验。试验结果表明,木材与其他常用室内装饰界面材料相比具有良好的生态学属性,然而,在室内装饰界面材料光反射性和光泽度试验中,石膏的属性都略微优于木材,主要原因是石膏的光反射性和光泽度都略高于木材,但这并不影响木材在室内装饰界面材料中的优越性。为了进一步体现常用室内装饰界面材料中木材的生态学属性优势,本章选取综合反映室内装饰界面材料视觉特点,并能够在一定程度上与室内装饰效果评价有关的 8 种视觉心理感觉,即"优美""温暖""豪华""自然""舒适""素雅""明快"和"刺激",运用主观评价法,进行室内装饰界面材料视觉心理感觉评价试验。试验结果表明,木材较其他常用室内装饰界面材料具有明显的生态学属性优势。

4 基于层次分析法的室内装饰界面材料生态学属性分析

4.1 本章引论

目前,有关室内装饰界面材料生态学属性的研究,基本上采用的是以往文献中使用过的研究方法,或对不同的室内装饰界面材料进行单纯的文字描述,或做实例分析,或对某些室内装饰界面材料进行试验,而没有形成完善的系统框架,忽略了运用数学方法构建仿真模型来解决实际问题的研究方法。

本章基于第 3 章的试验数据,从材料生态学的角度出发,对试验数据进行层次分析建模,剖析其生态学属性,进一步验证木材的生态学属性优势。

4.2 层次分析法的建模基础

4.2.1 层次分析法及其应用范围

面对经济、科学研究等领域中存在的诸多问题,人们往往需要进行系统分析。当遇到许多复杂因素相互制约,而又缺少一定的定量数据来进行比较、判断和评价的问题时,就需要有一个方法来解决问题并做出决策。

20 世纪 70 年代,美国运筹学家托马斯·塞蒂正式提出层次分析法,一种定性而又定量的层次化、系统化的数学方法诞生了。层次分析法是将复杂的决策问题分解成本质和影响因素,从而剖析其内在关系,以进行深入的定性和定量分析的决策方法。近年来,层次分析法的应用范围已遍及经济、管理、运输、农业、科学研究等众多领域,在处理复杂的决策问题上具有实用价值。

4.2.2 层次分析法评价室内装饰界面材料 生态学属性的可行性分析

层次分析法具有适用范围广、实用性强等诸多优势,可将其应用于室内装饰界面材料的生态学属性分析评价中,运用数学方法进行直观数理统计,构造递阶层次结构模型,根据人的逻辑、直觉、经验和洞察力给出判断,最后对室内装饰界面材料生态学属性以分数的形式进行评价,并进行名次排序、分析。

运用层次分析法评价室内常用装饰界面材料生态学属性,可以对层次结构的整体问题进行综合评价,通过对感官属性及其附属属性进行逐层分解,变整体评价为单准则评价,在多个单准则评价的基础上进行综合评价,使评价的诸多属性更加简明、直观,大大地减少了评价的工作量。对各指标按照重要的程度进行量化标度、权重分析,并检验调整比较链的传递性,使检验结果与逻辑分析一致,具有一定的实效性。在室内常用装饰界面材料中选择最优的材料,不仅具有一定的理论应用价值,还对室内装饰材料行业健康有序地发展具有重要的现实意义。

4.3　模型构建方法

4.3.1　建立层次分析结构模型

在深入分析实际问题的基础上,将有关的各个因素按照不同属性自上而下地分解成若干层,同一层的诸因素从属于上一层的因素或对上一层的因素有影响,同时又支配下一层的因素或受到下一层的因素的作用。最上层为决策目标层,这一层中只有一个元素,一般它是分析问题的预定目标或理想结果。中间层中包含了为影响目标所涉及的中间环节,它可以分解成若干个层次,包括所需考虑的准则、子准则。最下层通常为备选方案层,这一层包含了与目标相关的和影响目标的各种因素。

4.3.2　构造成对比较判断矩阵

从层次分析结构模型的第2层开始,对于从属于(或影响)上一层的同一因素的同一层诸因素重要性进行成对比较,即每次取两个因素 x_i 和 x_j,以 a_{ij} 表示 x_i 和 x_j 对 Z 的重要性之比,全部比较结果用矩阵 $A = (a_{ij})_{n \times n}$ 表示,称 A 为 Z 与 X 之间的成对比较判断矩阵(简称判断矩阵)。

若矩阵 $A = (a_{ij})_{n \times n}$ 满足 $a_{ij} > 0$,$a_{ji} = 1/a_{ij}(i,j = 1,2,\cdots,n)$,则称矩阵 A 为正互反矩阵(易见 $a_{ji}a_{ij} = 1, i = 1,2,\cdots,n$)。

关于如何确定 a_{ij} 的值,Saaty 等建议引用数字 $1 \sim 9$ 及其倒数作为标度,$1 \sim 9$ 及其倒数作为标度的含义见表4-1。

表4-1　1～9 及其倒数作为标度的含义

标度	含义
1	表示两个因素相比较,同样重要
3	表示两个因素相比较,前者比后者稍重要/有优势
5	表示两个因素相比较,前者比后者比较重要/有优势
7	表示两个因素相比较,前者比后者十分重要/有优势
9	表示两个因素相比较,前者比后者绝对重要/有优势
2,4,6,8	表示上述相邻判断的中间值
1~9 的倒数	若因素 i 与因素 j 的重要性之比为 a_{ij},那么因素 j 与因素 i 的重要性之比为 $a_{ji} = 1/a_{ij}$

4.3.3　层次单排序及其一致性检验

进行层次单排序即针对某一个标准计算各备选元素的权重。首先需要计算成对比较判断矩阵 A 最大特征值 λ_{max} 对应的特征向量 W,即判断矩阵计算的最大特征根及对应的特征向量,再利用一致性指标和一致性比例进行一致性检验。如果检验通过,将其特征向量进行归一化处理后,得出同一层相应因素对应上一层某一因素相对重要性的排序权重。如果检验不通过,需要重新构建成对比较判断矩阵,待通过后再进行归一化处理,即得出权向量。

其中 A 的最大特征值 $\lambda_{\max} = n$,n 为矩阵 A 的阶,A 的其余特征根均为零。

A 的最大特征值 $\lambda_{\max}$ 对应的特征向量为 $W = (w_1, w_2, \cdots, w_n)^{\mathrm{T}}$,则 $a_{ij} = w_i/w_j$,$\forall i, j = 1, 2, \cdots, n$,即

$$A = \begin{bmatrix} \dfrac{w_1}{w_1} & \dfrac{w_1}{w_2} & \cdots & \dfrac{w_1}{w_n} \\[2mm] \dfrac{w_2}{w_1} & \dfrac{w_2}{w_2} & \cdots & \dfrac{w_2}{w_n} \\[2mm] \vdots & \vdots & & \vdots \\[2mm] \dfrac{w_n}{w_1} & \dfrac{w_n}{w_2} & \cdots & \dfrac{w_n}{w_n} \end{bmatrix} \qquad (4-1)$$

其中,当且仅当 n 阶正互反矩阵 A 的最大特征根 $\lambda_{\max} = n$ 时,A 为一致矩阵;且当正互反矩阵 A 非一致时,必有 $\lambda_{\max} > n$。因此,可以根据 $\lambda_{\max}$ 是否等于 n 来检验判断矩阵 A 是否为一致矩阵。

对判断矩阵的一致性检验的步骤如下。

(1)计算一致性指标 CI

$$CI = \frac{\lambda_{\max} - n}{n - 1} \qquad (4-2)$$

对 $n = 1, 2, \cdots, 9$,Saaty 给出了 RI 的值,见表 4-2。

表 4-2　RI 值分布表

n	1	2	3	4	5	6	7	8	9
RI	0	0	0.58	0.90	1.12	1.24	1.32	1.41	1.45

(2)计算一致性比例 CR

$$CR = \frac{CI}{RI} \qquad (4-3)$$

当 $CR < 0.10$ 时,认为判断矩阵的一致性是可以接受的,否则应对判断矩阵进行适当修正。

4.3.4　层次总排序及其一致性检验

计算当前层元素关于总目标的组合权向量,并根据公式做其组合的一致性检验。如果检验通过,就可以按照排序权重表示的结果进行决策,否则需要对模型一致性比例较大的成对比较判断矩阵进行重新考虑。

求 B 层各因素的层次总排序权重 $b_1, b_2, \cdots, b_n$ 的计算按表 4 – 3 所示方式进行,即

$$b_i = \sum_{j=1}^{m} b_{ij} a_j \qquad (4-4)$$

式中,$i = 1, 2, \cdots, n$。

表 4 – 3　B 层各因素的层次总排序权重

B 层	A 层				B 层各因素的层次总排序权重
	A_1	A_2	$\cdots$	A_m	
	a_1	a_2	$\cdots$	a_m	
b_1	b_{11}	b_{12}	$\cdots$	b_{1m}	$\sum_{j=1}^{m} b_{1j} a_j$
b_2	b_{21}	b_{22}	$\cdots$	b_{2m}	$\sum_{j=1}^{m} b_{2j} a_j$
$\vdots$	$\vdots$	$\vdots$	$\vdots$	$\vdots$	$\vdots$
b_n	b_{n1}	b_{n2}	$\cdots$	b_{nm}	$\sum_{j=1}^{m} b_{mj} a_j$

对层次总排序也需做一致性检验,检验仍像层次单排序那样由高层到低层逐层进行。B 层总排序随机一致性比例为

$$CR = \frac{\sum_{j=1}^{m} CI(j) a_j}{\sum_{j=1}^{m} RI(j) a_j} \qquad (4-5)$$

当 $CR < 0.10$ 时,认为层次总排序结果具有较满意的一致性并接受该分析结果。

4.4　模型构建与仿真

4.4.1　建立层次分析结构模型

材料的环保性是衡量室内环境质量的标准,研究室内装饰界面材料生态学属性主要是从环境学和心理生理学两个方面共同研究其影响因子,运用一些客观物理量和主观评价量来表征和反映其影响的好坏程度,从而对室内装饰界面材料所营造的室内环境舒适性和环保性做出评价。

因此,室内装饰界面材料生态学属性评价的层次分析结构模型的建立,也应该是在深入分析室内装饰界面材料生态学属性的基础上,提取室内环境与室内装饰界面材料特性相关的属性,即视觉属性、触觉属性和声学属性,将各个因素根据所属属性自上而下地分解成若干层,保证同一层的诸因素从属于上一层的因素或对上一层的因素有影响,同时又支配下一层的因素或受到下一层的因素的作用。首先,将室内装饰界面材料生态学属性评价作为最上层的决策目标层。其次,把听觉属性、视觉属性和触觉属性作为中间层要素进行探索,把视觉属性的中间层要素按照其特征分为光泽度、光反射性和光对人心理感受的影响;把触觉属性的中间层要素按照其特征分为皮肤接触后温度的冷暖感和接触后心理的冷暖感;把听觉属性的中间层要素按照其特征分为隔声性和吸声性。再次,考虑视觉心理感觉、隔声性和吸声性三个指标下的相关分项指标。最终形成室内装饰界面材料生态学属性评价的层次分析结构模型,如图 4 - 1 所示。

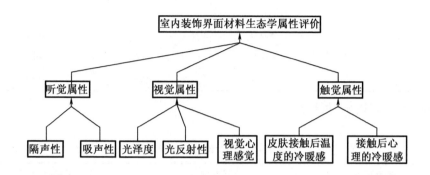

图 4 - 1　室内装饰界面材料生态学属性评价的层次分析结构模型

各四级指标分项指标的具体内容见表 4 - 4。

表 4 - 4　各四级指标分项指标的具体内容

四级指标	四级指标分项指标的具体内容
隔声性	125 Hz、250 Hz、500 Hz、1 000 Hz、2 000 Hz、4 000 Hz
吸声性	125 Hz、250 Hz、500 Hz、1 000 Hz、2 000 Hz、4 000 Hz
光泽度	—
光反射性	—
视觉心理感觉	优美、温暖、豪华、自然、舒适、素雅、明快、刺激的负值
皮肤接触后温度的冷暖感	15 s、30 s
接触后心理的冷暖感	—

4.4.2　构造成对比较判断矩阵

根据统计资料,征求多年从事材料科研工作的部分专家的意见,结合专家打分和意见反馈等方法,经过多次修订及完善,严格依据层次分析法的相关标准,构成相应判断矩阵,见表 4 - 5 至 4 - 12。

表4-5 室内装饰界面材料生态学属性评价判断矩阵

室内装饰界面材料生态学属性评价	听觉	视觉	触觉
听觉	1.000 0	0.670 3	0.818 7
视觉	1.491 8	1.000 0	1.491 8
触觉	1.221 4	0.670 3	1.000 0

注:矩阵一致性比例为0.0043。

表4-6 声学属性判断矩阵

声学属性	隔声性	吸声性
隔声性	1.000 0	0.818 7
吸声性	1.221 4	1.000 0

注:矩阵一致性比例为0.0000。

表4-7 视觉属性判断矩阵

视觉属性	光反射性	光泽度	视觉心理感觉
光反射性	1.000 0	1.491 8	0.818 7
光泽度	0.670 3	1.000 0	0.818 7
视觉心理感觉	1.221 4	1.221 4	1.000 0

注:矩阵一致性比例为0.0171。

表4-8 触觉属性判断矩阵

触觉属性	皮肤接触后温度的冷暖感	接触后心理的冷暖感
皮肤接触后温度的冷暖感	1.000 0	1.000 0
接触后心理的冷暖感	1.000 0	1.000 0

注:矩阵一致性比例为0.0000。

表4-9 皮肤接触后温度的冷暖感判断矩阵

皮肤接触后温度的冷暖感	15 s	300 s
15 s	1.000 0	1.000 0
300 s	1.000 0	1.000 0

注:矩阵一致性比例为0.0000。

表4-10 视觉心理感觉判断矩阵

视觉心理感觉	优美	温暖	豪华	自然	舒适	素雅	明快	刺激的负值
优美	1.000 0	0.818 7	1.221 4	0.818 7	0.670 3	1.221 4	1.221 4	0.670 3
温暖	1.221 4	1.000 0	1.221 4	1.221 4	0.670 3	1.221 4	1.221 4	0.670 3
豪华	0.818 7	0.818 7	1.000 0	0.818 7	0.818 7	0.818 7	0.818 7	0.670 3
自然	1.221 4	0.818 7	1.221 4	1.000 0	0.818 7	1.221 4	1.221 4	0.670 3
舒适	1.491 8	1.491 8	1.221 4	1.221 4	1.000 0	1.221 4	1.221 4	0.818 7
素雅	0.818 7	0.818 7	1.221 4	0.818 7	0.818 7	1.000 0	0.818 7	0.670 3
明快	0.818 7	0.818 7	1.221 4	0.818 7	0.818 7	1.221 4	1.000 0	0.670 3
刺激的负值	1.491 8	1.491 8	1.491 8	1.491 8	1.221 4	1.491 8	1.491 8	1.000 0

注:矩阵一致性比例为0.0046。

表4-11 隔声性判断矩阵

隔声性	125 Hz	250 Hz	500 Hz	1 000 Hz	2 000 Hz	4 000 Hz
125 Hz	1.000 0	1.000 0	1.000 0	1.000 0	1.000 0	1.000 0
250 Hz	1.000 0	1.000 0	1.000 0	1.000 0	1.000 0	1.000 0
500 Hz	1.000 0	1.000 0	1.000 0	1.000 0	1.000 0	1.000 0
1 000 Hz	1.000 0	1.000 0	1.000 0	1.000 0	1.000 0	1.000 0
2 000 Hz	1.000 0	1.000 0	1.000 0	1.000 0	1.000 0	1.000 0
4 000 Hz	1.000 0	1.000 0	1.000 0	1.000 0	1.000 0	1.000 0

注:矩阵一致性比例为0.0000。

表 4 - 12　吸声性判断矩阵

隔声	125 Hz	250 Hz	500 Hz	1 000 Hz	2 000 Hz	4 000 Hz
125 Hz	1.000 0	1.000 0	1.000 0	1.000 0	1.000 0	1.000 0
250 Hz	1.000 0	1.000 0	1.000 0	1.000 0	1.000 0	1.000 0
500 Hz	1.000 0	1.000 0	1.000 0	1.000 0	1.000 0	1.000 0
1 000 Hz	1.000 0	1.000 0	1.000 0	1.000 0	1.000 0	1.000 0
2 000 Hz	1.000 0	1.000 0	1.000 0	1.000 0	1.000 0	1.000 0
4 000 Hz	1.000 0	1.000 0	1.000 0	1.000 0	1.000 0	1.000 0

注:矩阵一致性比例为 0.000 0。

4.4.3　层次单排序及其一致性检验

运用逆归一法,首先将判断矩阵每一列正规化,并把每一列正规化的判断矩阵按行相加得到向量,再对向量做正规化处理,依次得到的列向量即为所求特征向量,然后计算判断矩阵的最大特征根,最后对判断矩阵进行一致性和随机性检验。层次单排序的权重及其一致性检验结果见表 4 - 13。

表 4 - 13　层次单排序的权重及其一致性检验结果

判断矩阵	A_1	A_2	A_3	A_4	A_5	A_6	A_7	A_8	CI	RI	CR	一致性检验
$A—B$	0.157 1	0.593 6	0.249 3						0.029 9	0.580 0	0.051 6	满意一致性
$B_1—C$	0.333 3	0.666 7							0.000 0	0.000 0	0.000 0	满意一致性
$B_2—C$	0.539 6	0.163 4	0.297 0						0.005 1	0.580 0	0.008 8	满意一致性
$B_3—C$	0.500 0	0.500 0							0.000 0	0.000 0	0.000 0	满意一致性
$C_1—D$	0.166 7	0.166 7	0.166 7	0.166 7	0.166 7	0.166 7			0.000 0	1.240 0	0.000 0	满意一致性
$C_2—D$	0.166 7	0.166 7	0.166 7	0.166 7	0.166 7	0.166 7			0.000 0	1.240 0	0.000 0	满意一致性
$C_3—D$	0.091 1	0.128 8	0.057 0	0.113 9	0.187 6	0.067 8	0.080 6	0.273 2	0.068 4	1.410 0	0.048 5	满意一致性
$C_4—D$	0.500 0	0.500 0							0.000 0	0.000 0	0.000 0	满意一致性

注:阶数小于等于 3 的判断矩阵具有满意一致性, $RI = 0$。

4.4.4　层次总排序及其一致性检验

层次总排序也是计算方案层对目标层的相对重要性排序,是层次单排序的加权组合。一致性检验 $CR < 0.1$,层次总排序的结果具有满意一致性,层次总排序的权重见表4-14。

表4-14　层次总排序的权重

备选方案	权重
光反射性	0.150 5
光泽度	0.115 3
接触后心理的冷暖感	0.152 9
125 Hz	0.020 1
250 Hz	0.020 1
500 Hz	0.020 1
1 000 Hz	0.020 1
2 000 Hz	0.020 1
4 000 Hz	0.020 1
125 Hz	0.024 5
250 Hz	0.024 5
500 Hz	0.024 5
1 000 Hz	0.024 5
2 000 Hz	0.024 5
4 000 Hz	0.024 5
优美	0.018 4
温暖	0.020 3
豪华	0.016 2
自然	0.019 8
舒适	0.023 6
素雅	0.017 1

表 4 – 14(续)

备选方案	权重
明快	0.017 9
刺激的负值	0.027 4
15 s	0.076 4
300 s	0.076 4

4.4.5 常用室内装饰界面材料生态学属性综合评分与优选分析

以常用室内装饰界面材料生态学属性四级指标权重为评价系数,对各个四级指标进行纵向打分,评分采用一分制,将常用室内装饰界面材料的各项指标的评分进行叠加,即得到常用室内装饰界面材料生态学属性的综合评分,见表 4 – 15。

表 4 – 15 常用室内装饰界面材料生态学属性的综合评分

常用室内装饰界面材料	生态学属性的综合评分
木材	0.111
金属	0.892
玻璃	0.705
石材	0.597
石膏	0.275

由于在层次单排序中运用的是逆归一法,因此综合评分得分越少,该材料的综合评分结果就越优,生态学属性优势就越明显。常用室内装饰界面材料生态学属性综合评价结果如图 4 – 2 所示。从图 4 – 2 中可以看出木材的生态学属性优势明显高于其他常用室内装饰界面材料。常用室内装饰界面材料的优选综合排名由高到低为木材、石膏、石材、玻璃、金属。

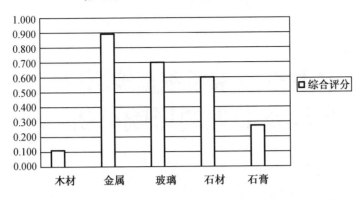

图 4－2　常用室内装饰界面材料生态学属性综合评价结果

4.5　本 章 小 结

层次分析法能够将复杂的决策问题分解成本质和影响因素,从而剖析其内在联系,以进行深入解析。本章基于试验数据和层次分析法,运用数学方法进行直观数理统计,建立了递阶层次结构模型,根据人的逻辑、直觉、经验和洞察力给出判断,最后对室内装饰界面材料生态学属性以分数的形式进行评价、名次排序与分析,进而提出了木材的生态学属性与其他常用室内装饰界面材料相比存在大优势,常用室内装饰界面材料的优选综合排名由高到低为木材、石膏、石材、玻璃、金属。本章验证了木材的生态学属性优势,对于室内装饰界面材料的生态化发展,起到了重要的理论指导意义。以试验数据构建生态学属性评价模型,论证常用室内装饰界面中木材的生态学属性,不仅为室内装饰界面材料的生态化发展提供了理论依据,同时弥补了现有研究方法的不足。

5 室内空间木质视觉环境对人体生理及心理的影响分析

5.1 本 章 引 论

上一章对试验的数据建立了层次分析模型,从定量的角度分析了室内装饰界面材料的生态学属性,并提出了木材的生态学属性的独特优势。本章将利用统计分析中的相关性分析与主成分分析的方法,揭示室内空间木质视觉环境对人体的心理和生理的影响。

5.2 室内空间木质视觉环境对人体心理的影响

随机选择20张室内效果图,分辨率均为300像素/英寸(1英寸=2.54厘米),运用主观评价法对20个实验对象(男、女各10人,平均年龄为25岁,职业均为学生)进行心理学实验。实验对象在规定的位置观察用铜版纸打印出的室内效果图,并对其进行关于"优美""温暖""豪华""自然""舒适""稳重"6种视觉心理感受的评价,设定观测距离为0.4 m。评价采用+3、+2、+1、0、-1、-2、-3七级评分标准。

实验对象对不同室内效果图的视觉心理感受评分平均值见表5-1。

表 5-1　实验对象对不同室内效果图的视觉心理感受评分平均值

序号	空间类型	主要材料	分类主色调	木材率	装饰风格	视觉心理感受评分平均值					
						优美	温暖	豪华	自然	舒适	稳重
1	卧室	木材	红褐	30%~40%	现代	1.90	1.95	2.00	0.75	1.90	1.65
2	卧室	木材	黑褐	30%~40%	现代	1.75	0.60	1.45	0.75	1.45	1.25
3	卧室	木材	浅黄	50%~60%	现代	1.55	1.65	1.25	1.30	1.95	1.4
4	卧室	木材	褐色	30%~40%	中式	0.7	0.4	0.3	-0.55	0.15	0.4
5	卧室	木材	浅黄	20%以下	现代	0.55	0.6	0.75	0.2	0.85	1.2
6	卧室	木材	黄褐	70%以上	日式	0.55	0.8	0.05	0.55	0.1	0.9
7	卧室	木材	橘黄	40%~50%	现代	0.75	1.05	0.9	1.2	1.15	0.95
8	卧室	木材	浅黄	70%以上	现代	1.50	2.00	0.75	1.25	1.45	1.15
9	卧室	木材	红褐	40%~50%	现代	1.80	1.80	0.85	1.05	1.95	1.05
10	卧室	木材	褐色	30%~40%	现代	0.90	1.05	0.80	1.15	0.70	0.65
11	客厅	木材	橘黄	70%以上	现代	1.00	1.15	0.95	1.45	0.85	1.55
12	客厅	木材	红褐	70%以上	中式	1.75	0.70	2.65	0.70	0.80	2.05
13	客厅	木材	黄褐	20%以下	现代	1.80	1.80	1.45	1.70	1.70	1.15
14	客厅	木材	黑褐	60%~70%	现代	1.40	0.80	1.50	0.70	0.75	1.5
15	客厅	木材	橘黄	60%~70%	中式	2.45	1.90	2.05	2.05	1.45	2.00
16	客厅	木材	褐色	30%~40%	现代	2.00	1.50	1.30	1.80	1.80	1.40
17	客厅	木材	褐色	60%~70%	现代	1.40	1.15	1.60	0.90	1.40	1.85
18	客厅	木材	褐色	50%~60%	现代	1.55	1.50	1.95	1.40	1.95	2.00
19	客厅	木材	灰褐	70%以上	现代	1.20	0.60	1.40	0.65	0.85	1.60
20	客厅	木材	红褐	60%~70%	现代	1.50	1.55	1.50	1.20	1.75	1.30

5.2.1　相关性分析

根据表 5－1 对 6 种视觉心理感受进行相关性分析,结果见表 5－2。

表 5－2　6 种视觉心理感受相关性分析结果

	优美	温暖	豪华	自然	舒适	稳重
优美	1.00					
温暖	0.75	1.00				
豪华	0.65	0.70	1.00			
自然	0.59	0.65	0.19	1.00		
舒适	0.73	0.54	0.40	0.85	1.00	
稳重	0.30	0.38	0.62	0.18	0.38	1.00

由表 5－2 可以看出,6 种视觉心理感受间存在一定的相关性,其中"优美"与"温暖"、"优美"与"舒适"、"温暖"与"豪华"、"自然"与"舒适"之间呈现出较强的正相关联系。

5.2.2　主成分分析

根据表 5－1 对 6 种视觉心理感受进行主成分分析,结果见表 5－3。

表 5－3　6 种视觉心理感受主成分分析结果

	主成分 I	主成分 II	主成分 III	解释主成分
豪华	0.640 7	0.342 3	0.037 1	
温暖	0.911 6	0.284 7	－0.176 9	温暖感
优美	0.738 9	－0.404 0	0.311 8	
舒适	0.009 9	0.964 4	0.195 1	
自然	0.126 6	0.735 4	0.540 8	舒适感
喜爱	0.150 2	0.894 2	0.679 7	

表 5 -3(续)

	主成分 I	主成分 II	主成分 III	解释主成分
稳重	0.434 5	0.243 1	0.705 0	稳重
特征根	3.256 4	3.171 8	1.350 1	7.778 3
贡献率%	34.76%	33.44%	18.13%	86.33%

由表 5 -3 可以看出,6 种视觉心理感受可以分为 3 类,即代表心理接受水平的"温暖感"的主成分、代表心理生理学感受的"舒适感"的主成分、代表材料视觉强度的"稳重感"的主成分。其中,代表"温暖感"和"舒适感"的主成分包含了全部视觉心理感受主成分的 68.20%,可以作为室内视觉环境品质的重点研究内容。

5.3 室内空间木质视觉环境对人体生理的影响

采用室温 20 °C ±1 °C,控制室内声、光和电磁使其无污染,创造舒适、安静、无气闷感的室内环境。挑选 20 个实验对象(男、女各 10 人,平均年龄为 25 岁,身体健康、无任何心脑血管与神经系统方面疾病,职业均为学生),所有的实验对象均不在饱食、饥饿和不适的状态下进行实验,确保整个实验过程零干扰。

采用幻灯片播放的方式将室内效果图展示给实验对象,对其接受视觉刺激后的生理信号进行记录。实验期间避免兴奋性谈话、激烈活动等会影响人体生理信号的事件的发生。本实验采用 Portapres Model II 型无创动态血压仪对实验对象的心电、脉搏和血压进行记录。实验对象均在保持安静状态 5 min 后开始实验,首先记录实验对象安静状态下的生理信号作为参考值,再对实验时实验对象的生理信号进行记录,每阶段记录的时间不少于 300 s。本实验利用 HRV Analysis Software 分析软件对相关数据进行分析。

不同室内空间木质视觉环境对应的心率变异时域分析结果见表 5 -4。心率变异是指测定时间内心率在基线上下波动的程度和心电连续时间内 RR 间期的变异程度。时域分析是对采集的按顺序排列的 RR 峰间隔的时间数据直接进行统计学分析。统计学指标包括：mRR（RR 间期均值）、mHR（心律均值）、SDNN（RR 间期标准差）、RMSSD（相邻 RR 间期差值的均方根）、PNN50（相邻 RR 间期差大于 50 ms 的心搏数的百分比）、TINN（全部 RR 间期直方图近似三角形的底边宽度）、HRVI（心率变异指数，为 RR 间期总数除以所占比例最大的 RR 间期的个数）。

表 5-4　不同室内空间木质视觉环境对应的心率变异时域分析结果

| 序号 | 分类 | | | | mHR /min⁻¹ | mRR /ms | SDNN /ms | RMSSD /ms | PNN50 /% | TINN /ms | HRVI |
	主要材料	主色调	木材率	装饰风格							
1	塑料	乳白	0%	现代	74.04	715	25	32.5	7.6	135	28.03
2	木材	淡黄	20%以下	现代	73.81	717	26	32.3	8.2	165	29.18
3	木材	红褐	40%~50%	中式	73.46	720	30	31.3	8.6	145	29.83
4	木材	黄褐	60%~70%	现代	72.91	726	34	31.6	9.0	165	30.74
5	木材	黑褐	70%	现代	76.29	682	24	31.8	6.2	130	26.93
正常					75.99	695	26	32.0	7.5	145	27.90

不同室内空间木质视觉环境对应的心率变异频域分析结果见表 5-5。频域分析是将心搏间期时间数据用数学方法转变为频谱，从而提供能量随频率分布的基本信息。心率功率谱密度曲线一般有三个主峰，根据心率变异产生的生理学基础，将之划分为三个频段。极低频段（VLF）：频率范围 0.003 3~0.04 Hz，反映昼夜变化规律，受交感神经和副交感神经双重影响。低频段（LF）：频率范围 0.04~0.15 Hz，反映交感神经张力的低频平均功率，受交感神经和副交感神经双重影响；体位改变、精神紧张、血压升高等引起交感神经张力轻中度增加时，LF 亦增加。高频段（HF）：频率范围 0.15~0.40 Hz，副交感神经张力的高频平均功率，主要反映由副交感神经介导的呼吸变化。低频段和高频段的比值（LF/HF）可表明副交感神经兴奋性的变化，反映交感神经和副交感神经的活动均衡性。

表5-5 不同室内空间木质视觉环境对应的心率变异频域分析结果

序号	主要材料	主色调	木材率	装饰风格	TP /(ms²·Hz⁻¹)	VLF /(ms²·Hz⁻¹)	LF /(ms²·Hz⁻¹)	HF /(ms²·Hz⁻¹)	LF/HF	(VLF+LF)/HF
			分类							
1	塑料	乳白	0%	现代	3 243	1 500	964	779	1.237	3.163
2	木材	淡黄	20%以下	现代	3 276	1 498	962	816	1.179	3.015
3	木材	红褐	40%~50%	中式	3 273	1 480	960	833	1.152	2.929
4	木材	黄褐	60%~70%	现代	3 030	1 258	930	842	1.105	2.599
5	木材	黑褐	70%以上	现代	4 449	2 752	1 008	689	1.463	5.457
正常					3 266	1 566	990	710	1.394	3.600

由表5-4可以看出,当观察的室内空间的木材率由20%升至60%~70%时,mRR逐渐增大、SDNN逐渐增大,而mHR逐渐减小,RMSSD、PNN50、HRVI则呈现出增加趋势,同时副交感神经活动水平增强,自主神经系统状态逐渐放松。当观察的室内空间的木材率达到70%以上时,因视觉刺激,为补偿所丧失的热量、保持人体内环境的稳态,实验对象交感神经活动水平增强,副交感神经活动水平相对降低,自主神经系统呈现兴奋状态,但尚未失去均衡性。

由表5-5可以看出,当观察的室内空间的木材率由20%升至60%~70%时,LF逐渐减小,实验对象精神趋于放松;HF逐渐增大,实验对象呼吸节奏逐渐减慢,进入静息状态。当观察的室内空间的木材率达到70%以上时,TP、VLF和LF均有所增大,LF/HF、(VLF+LF)/HF也随之增大,而HF却有所减小,视觉冲击使人体内环境做出相应的调整,交感神经表现为活动优势,副交感神经表现为拮抗交感神经,综合表现为自主神经系统的活动性增强,实验对象的能量代谢增加,精神紧张度增加。

5.4 本章小结

本章采用主观评价的方式,对研究对象对20张室内效果图的6种视觉心理感受进行了相关性分析和主成分分析,研究结果表明,6 种视觉心理感受可分为 3 类,分别为代表心理接受水平的"温暖感"的主成分、代表心理生理学感受的"舒适感"的主成分、代表材料视觉强度的"刺激感"的主成分,其中"温暖感"和"舒适感"的主成分包含了全部视觉心理感受主成分的 68.20%,可以作为室内视觉环境品质的重点研究内容。不同室内空间木质视觉环境对应的心率变异时域和频域分析结果表明,室内空间的木材率从 20% 上升至 60% ~ 70%,自主神经系统呈现放松的态势;当室内空间的木材率达到 70% 以上时,自主神经系统的交感神经活动取得优势,精神紧张度增加。

6 木材生态学属性在室内设计中的应用

为了对试验分析和数值模拟所研究出的结果进行更进一步的理论扩展分析,本章主要探讨基于木材生态学属性的室内设计,即木材良好的生态学属性在室内设计中的应用。木材具有自然朴实的颜色、柔和的光泽和天然的纹理,其智能性调节功能以及能够固碳制氧的环境学优势,使其在室内装饰界面材料中独占鳌头。从理论的角度分析木材生态学属性在室内设计中的应用,可以充分证明木材生态学属性在室内装饰界面材料中的优越性,为室内装饰界面材料的发展提供重要的理论依据。

6.1 木材自然美与艺术性在室内设计中的应用

室内设计是连接物质文明与精神文明的桥梁,它不仅通过设计来改造空间和环境,提高人们的生活质量,也是直观视觉艺术的表达。材料是室内设计重要的表达工具,也是室内设计重要的组成部分。而室内设计的艺术表现力在于室内环境与自然环境的和谐关系。因此,材料的生态学属性和环保特性成了室内环境与自然环境可持续发展的保证。

自然生态材料的艺术魅力表现在建筑及室内装饰能够与大自然融为一体,能够与自然环境形成和谐的共生关系。将大自然赐给我们的材料,通过组合和构建编织到室内环境中去,是人类不断追求和努力的方向。木材是室内设计使用的最主要的材料之一,是具有独特自然美的天然材料,也是室内装饰界面材料中最有"人情味"的材料。大自然赋予木材优越的特性和独特的视觉美感,使木材具有朴实的颜色、柔和的光泽以及天然的花纹,给人以质朴、亲切之感,这是其他室内装饰界面材料所无法比拟的。

木材的自然美与艺术性主要通过颜色、光泽以及天然的纹理表现。

6.1.1 自然朴实的颜色

木材由于其色彩偏暖,使人从心理上产生温暖感、亲切感和舒适感,被广泛应用于建筑、室内等人居环境。在室内环境中,木材表面呈现出的不同色彩,不仅给人们带来视觉上的美感享受,也是人们身心愉悦的有力保障。

人对木材的心理感受与木材的表面颜色有关,不同的颜色木材适用于不同的室内空间,例如:高明度的木材给人以明快、干净的感觉,适合用于想要体现干净、整洁的室内空间;低明度的木材给人以敦厚、深沉的感觉,适合用于想要体现豪华、高贵的室内空间。

如图5-1所示,幼儿园的室内空间运用高明度的木材作为地板材料,使人产生明快、开朗的心情,符合儿童活泼好动的心理和生理特征。

如图5-2所示,原木朴实的颜色与简约的设计有机地融合为一体,营造出舒适自然的居住空间,空间中简约的天花格栅与木质家具相互搭配,形成了以木质结构为主的室内空间,体现了回归安逸的生活格调,远离都市的喧嚣,令人感觉仿佛置身于大自然的怀抱。

如图5-3所示,深色木材与灰色的地面相互协调,奠定了整个空间庄重典雅的基调,犹如"历经了时光淬炼,经过了蹉跎的岁月,所沉淀下来的灰度痕迹",灰色的布艺缓和了深色木材的凝重感,精美的室内陈设品柔化了木材的直线条,增添了温暖舒适的环境氛围。

如图5-4所示,室内空间采用木材做主要材料,木材温暖柔和的色彩使整个室内空间中弥漫着自然舒适的气息,深色的金属冲孔板在满足功能需求的基础上,还能够满足装饰艺术的美感需求。

如图5-5所示,墙壁的材料为水曲柳,利用了木材温柔的色调,经过精心的雕琢,营造出温馨的氛围。

图5-1 木材颜色在室内设计中的应用实例(1) 图5-2 木材颜色在室内设计中的应用实例

图5-3　木材颜色在室内设计中的应用实例(3)

图5-4　木材颜色在室内设计中的应用实例(4)　图5-5　木材颜色在室内设计中的应用实例(5)

6.1.2　柔和的光泽

木材具有柔和的光泽是因为木材独特的各向异性的内层反射特征,在光线漫反射的条件下,光线变得柔和。木材在吸收紫外线的同时反射红外线。木材柔和的自然光泽应用于室内设计,给人以温暖舒适的感觉。图5-6、图5-7为未经涂饰的二翅豆木板表面。

图5-6　未经涂饰的二翅豆木板表面(1)　　　图5-7　未经涂饰的二翅豆木板表面(2)

6.1.3　天然的纹理

　　木纹是大自然赐予木材的优质特征,也是赐予人类的最美好的图案。木材的天然纹理是由其生长轮、木髓射线和轴向薄壁组织等相互交织而产生的。这些优美的闭合曲线,或层峦叠嶂,或抽象复杂,创造出富有艺术魅力的环境气氛。在任何角度的切面上,木材的花纹都能够完全呈现出来,这正是木材艺术特质的完美体现。和其他室内装饰界面材料相比,木材的天然纹理可以大大减轻人们的视觉疲劳感,其年轮的间隔分布所呈现出的波谱与人类心脏跳动波谱的分布形式相吻合,在某种程度上,可以调节人的生物节律,引起人感官上的共鸣。木材通过自然的纹理特性带动人主体意象的提升,给人们带来愉悦的心情。因此,木材丰富、美丽的天然纹理,奠定了其在室内设计空间的塑造上无可替代的地位。木材传递给人的柔和、温暖的感受,是木材独特自然美与艺术性的体现。图5-8至图5-11,均展示了木材天然的纹理特征。

 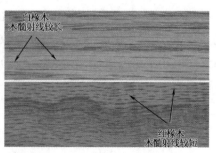

图5-8　木材生长轮的天然纹理　　　图5-9　红、白橡木的天然木射线纹理

图 5－10　樟科木材的轴向薄壁组织纹理　　图 5－11　木兰科木材轴向薄壁组织纹理

在实际的室内装修中,具有自然美与艺术性的木材被广泛地应用于室内墙面、地面和天花的设计中,这主要与它天然的属性有关。室内墙面与天花材料都要求具有一定的强度,且要自重轻、可塑性强、易弯曲以及具有良好的声学、热学特性。木材不仅强度高、质量轻,还具有美观的纹理和极佳的装饰效果。

如图 5－12 所示,木材纹理优美,适合用作古典风格室内空间中的踢脚线与墙裙的材料。室内地面材料需要具有高平整度和耐磨损,木质地板质地坚硬、不易变形、耐腐蚀、耐磨损,表面纹理美观,能勾勒出具有强烈艺术感染力和独特韵味的室内空间。

如图 5－13 所示,设计师运用木材来营造温馨的室内氛围,利用做旧了的传统的木材来布置墙面,利用现代的床上用品及家具来进行陈设的布置,使传统与现代完美结合在一起,木质墙壁和屋顶让人仿佛置身于大自然中的森林木屋。

如图 5－14 所示,阳台采用节奏、韵律感极强的木质结构,展现出自然、优雅的实木质感与天然肌理,具有极佳的装饰效果,既有一种回归自然的质朴,又塑造出一种贴近自然的艺术氛围。

如图 5－15 所示,木质背景表面纹理美观、气质天然,实现了多种造型,营造出极具生命力和亲和力的环境氛围。

如图 5－16、图 5－17 所示,餐厅和卧室的木质地板呈现出天然原木纹理,给人以自然、柔和的感觉,烘托出温馨亲切的气氛,营造了质朴自然的环境风貌。木材具有冬暖夏凉、触感好的特性,这使其成为室内地面装修的理想材料。

如图 5－18 所示,天花和地面利用了木材边材和心材不同的颜色进行交织,搭配出一个色彩统一、温柔和谐的室内空间。

如图 5－19 所示,室内门窗的封边条选用了实木为主要材料,利用了天然木质单板贴面的花纹,纹理图案自然,不仅起到了很好的装饰效果,同时降低了成本。如图5-20所示,桌面采用的是老挝金花梨木,稀有的木质丰富了室内环境空间,烘托出庄重高贵的室内气氛。

图5-12　木材纹理在室内设计中的应用实例(1)

图5-13　木材纹理在室内设计中的应用实例(2)

图5-14　木材纹理在室内设计中的应用实例(3)

图5-15　木材纹理在室内设计中的应用实例(4)

图5-16 木材纹理在室内设计中的应用实例(5) 图5-17 木材纹理在室内设计中的应用实例(6)

图5-18 木材纹理在室内设计中的应用实例(7) 图5-19 木材纹理在室内设计中的应用实例(8)

图5-20 木材纹理在室内设计中的应用实例(9)

很多优秀的设计师能巧妙地运用木材的可塑性、自然色泽和天然纹理,形成一贯的艺术风格,把木材的自然属性与建筑空间完美结合。中国传统木建筑的天花

（图 5 – 21、图 5 – 22）、藻井（图 5 – 23、图 5 – 24）、斗拱（图 5 – 25、图 5 – 26）等均利用天然木材作为装饰材料。遗憾的是，中国传统木建筑为了防止木材表面受潮变形，在木材表面涂刷了不透明的油漆，覆盖了木材的天然色泽和纹理。

图 5 – 21 中国传统木建筑的天花（1）

图 5 – 22　中国传统木建筑的天花（2）

图 5 – 23　中国传统木建筑的藻井（1）

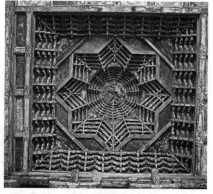

图 5 – 24　中国传统木建筑的藻井（2）

图 5 - 25 中国传统木建筑的斗拱(1)

图 5 - 26 中国传统木建筑的斗拱(2)

木材自然朴实的颜色、柔和的光泽、天然的纹理,使其具有自然美与艺术性。木材生态学属性应用于在室内设计中,可营造出质朴、舒适、亲切的室内环境氛围。木材独特的艺术气息,平凡而朴实的外表下隐藏的深刻内涵,是人类永远探究不尽的奥秘。

6.2 木材智能性调节功能在室内设计中的应用

室内温湿度影响着生物体的健康。室内温、湿度主要指室内环境空气的温、湿度。室内温度的高低对处于室内环境的人体的热平衡起到了至关重要的作用,当室内温度比正常值高出 3 ℃时,人体温度就会处于高负荷状态,随着体表温度的上升,人体会出现水分、盐分的过度流失和系统的失调,甚至引发心脑血管疾病而导致人死亡。当室内温度较低时,人体就会出现血管收缩、心跳加快等症状。当室内湿度过低或过高时,会影响人类免疫系统正常的调节作用,容易引发细菌感染,影响皮肤的新陈代谢,同时也会引起内脏的器质性病变。通过对人类皮肤与材料接触进行测试,从生理指标的数值变化中可以发现,木材可以舒缓血压、调节心跳,对人类生理的影响远远优于其他材料。材料对室内温、湿度的调节作用是人类不可忽视的。运用木材的智能性调节功能,调节室内空间温湿度,可以营造出健康、舒适的室内环境,有利于人类的身心健康。除了温、湿度调节功能外,木材还具有生物调节功能。

6.2.1 温度调节功能

温度的变化影响着人们的心理和生理健康。人的一生中大部分时间都是在室内环境中度过的,室内温度是影响人们心理感觉的物理量之一。人体感觉最适宜的温度是22℃左右,过冷或过热的室内温度都会使人产生不安的情绪。有关研究表明,木材的热扩散率远远小于铁、混凝土等室内装饰材料,其良好的保温隔热性能对于室内环境具有积极的影响作用。木材对人体温度的调节作用主要受到导热系数的控制,木材的导热系数较小,会使人的皮肤产生温暖、舒适的感觉。木材的温度调节功能还受到纹理的影响,顺纹方向的导热系数较大,是横纹方向的 2～2.5 倍,所以人们通常感觉木材的纵切面比横切面更为温暖。

有关数据显示,夏季包含木材的室内空间比其他材料所构成的室内空间温度平均低 2.4 ℃左右,而冬季包含木材的室内空间比其他材料所构成的室内空间温度平均高 4 ℃左右。因此,有木材存在的室内空间可以给人冬暖夏凉的舒适感。由于木材导热系数小,故常将其用于室内地面的拼装与铺设。按拼装和涂层的不同,可将木质地面分为水晶木地板(图 5 - 27)、条形木地板(图 5 - 28)、木质马赛克(图 5 - 29)和拼花形木地板(图 5 - 30)等。

图 5 – 27　水晶木地板

图 5 – 28　条形木地板

图 5 – 29　木质马赛克

图 5 – 30　拼花形木地板

6.2.2　湿度调节功能

材料的湿度调节功能是通过自身的吸湿和解湿的作用,调节室内空间小气候,改善人们的居住环境。经实际测定,人体感觉最舒适的湿度大约为 40%,而居室环境的相对湿度应为 60% 左右。木材具有的湿度调节功能的直接影响室内湿度的变化。作为重要的室内装饰材料,木材对室内空间的湿度起到了十分重要的调节作用。

实践研究充分说明,人体对湿度的感觉比较迟钝,但湿度对人体健康的影响却很大。木材与其他室内装饰材料相比具有更优越的湿度调节功能。当室内空间温度降低、湿度升高时,木材可以吸收空气中的水分,从而减少空气中的水分,反之,当室内空间温度上升、湿度降低时,木材就会向空气中释放水分,增加空间中的水分。木材独特的湿度调节功能,可以稳定室内空间的相对湿度,创造舒适宜人的室内环境。正确合理地使用木材,重视室内环境的湿度调节,对于人类的健康是极其有利的。

研究结果表明,常用室内装饰界面材料中木材的湿度调节效果最佳。木材在室内装饰中应用极广,常常被用作室内墙面的装饰材料(图5-31)。除室内墙面外,室内地面同样离不开木材。现代室内装饰中,有一些人用瓷砖代替木地板作为地面的装饰材料,从室内环境湿度调节的角度看,这种做法对人体是非常有害的,瓷砖是一种湿度调节功能较差的材料,用瓷砖代替木地板,减少了室内湿度调节材料的比重。

木材的湿度调节功能是通过表面肌理实现的,过度的湿度调节会使木材发生开裂变形,因此,在实际的运用中,人们往往在木材的表面进行涂饰,阻碍部分水分的进入和排出。木材表面涂饰不仅可以保护木材,防止木材开裂、变形,在某种程度上还可以实现对室内环境湿度的智能性调节(图5-32)。

图5-31 木材用作室内墙面的装饰材料

图5-32 木材表面涂饰

6.2.3 生物调节功能

人体是一个封闭的系统,通过从外界汲取营养、吸收能量,来维持身体神经系统和体液系统的正常工作。外界环境主要通过视觉、听觉、嗅觉、触觉和味觉影响人体。除此之外,在室内环境中,细菌的繁殖、环境的辐射等因素同样影响着人类的健康。

木材是一种具有生物调节功能的生物质材料。作为室内装饰的主要材料之一,木材独特的生物调节功能给人的心理、生理以及室内环境带来了许多积极而有益的影响。

1. 木材对人的心理、生理的影响

材料的感觉特性是在人的心理感受和生理刺激基础上形成的一种综合印象。当人的感觉器官受到外界刺激时,人会产生一系列的生理、心理反应和情感意识。木材美丽的花纹、天然的色泽使人倍感亲切,对人的心理、生理健康和室内环境舒适性均起到良好的调节作用。

室内环境中不同材料给人带来的视觉感受差异性极大。研究表明,与其他材料相比,木材对人的心率影响较小,对人体自主神经和中枢神经系统的刺激最小,对人的血压影响最小,舒适、宜人的程度最高。人的心脏跳动和脑波的波谱为 $1/f$ 型,具有 $1/f$ 型波谱涨落特征的物体通过视神经传输带给人的视觉感受,可以使人有舒适感,而木材纹理的条纹排列恰恰具有 $1/f$ 型波谱的涨落特征,与人体的生物节律一致,这说明木材对于人类的心理和生理调节能起到非常重要的积极作用。

木材是天然的多孔性材料,具有良好的吸声、隔声效果。作为室内界面(墙面、天花和地面)的主要装饰材料,木材可以有效地减少室内回声、调节室内混响、控制噪声,表现出优良的声学性能。例如,某音乐厅(图 5 – 33、图 5 – 34 所示)采用木材作为内壁材料,并在大厅后方吊装木板,地面也采用木材作为装饰材料,以改善室内的声学环境,满足人们对健康生活的追求。

木材温度宜人,软硬适中,可以调节人的生理心理状态,使人感觉舒适、自然。此外,木材作为室内地面材料所体现出的优质弹性性能、运动性能、滑动性能以及软硬性能已经被有关研究所证实。因此,在室内设计中,木材被广泛地用于地面的铺装,这与木材的舒适脚感和天然性能是密不可分的。如图 5 – 35 所示,体育馆内部使用的室内界面材料中木材量大约为 70%。

图 5 - 33　某音乐厅(1)

图 5 - 34　某音乐厅(2)

图 5 - 35　体育馆内部

2. 木材对室内环境的影响

（1）杀菌抑螨

室内空间细菌、螨虫的大量滋生和繁殖，可能引起皮肤和呼吸系统等的一系列传染性疾病。这些微生物对室内环境造成的污染，严重影响了室内空气质量和人类的正常生活。木材具有天然的芳香气味，使人身心愉悦，可以有效减轻繁重的工作与学习带来的压力和疲劳，从而提高效率。木材香气中的一些成分既可以消除室内装饰材料释放出的甲醛、苯系化合物等有害物质，又具有杀菌抗菌、抑制螨虫等作用。

国内外专家对木材杀菌、抑菌的研究取得了重大的发现，扁柏心材散发出的香味对金黄色葡萄球菌、产气性荚膜梭菌及肺炎克雷伯菌生长有良好的抑制效果；杉木的香味对产气性荚膜梭菌、葡萄球菌和铜绿假单胞菌有很好的抑制作用；红桧心材对于大肠杆菌和金黄色葡萄球菌抑制作用明显。人们在室内装饰中广泛地采用木材作为主要材料，与其良好的杀菌、抑菌能力是密切相关的。

螨虫常常聚集在地毯、床上用品及软包墙面等室内软装饰中，实验研究证明，抑制螨虫的增殖，减少细菌、螨虫对人类的危害，最有效、简便的做法就是用木材代替其他室内装饰材料，可以有效控制螨虫的数目，使人远离螨虫的危害。

（2）调节磁气和减少辐射

"磁气"是存在于地球及其周围的天然磁波，这种磁波可以保护地球不受外界的伤害，维持生命体的均衡，即交感神经和副交感神经的相互协调。对于人类来说，磁气可以促进人体血液循环，将血液中的营养成分输送到各个器官，并且有助于体内垃圾的排出。人生活在缺少磁气的环境中，可能引发高血压、失眠等一系列疾病。

金属、铁、钢筋混凝土等材料会对地球磁气进行屏蔽或削弱，影响生物体对磁气的吸收，引起生物体机能的紊乱。木材作为室内装饰材料，不会屏蔽或削弱磁气，又可以补充人体的磁气不足，维持人体正常的磁气。因此，木材调节磁气的生态学属性在室内设计中的应用，对于人类健康是十分有利的。

室内环境中的放射性物质污染主要来自石材、陶瓷、石膏等装饰材料，这些材料不仅会污染室内环境中的空气，其废弃物也会对大气造成严重的污染。相关研究表明,室内环境中的放射性物质所散发出的辐射对人类生活具有严重的危害,染色体突变引起的肺癌、支气管上皮组织出现的问题都可能是室内辐射所引发的。

在将天花、墙面、地面所用的石材、陶瓷等材料替换成木材,可以大幅度降低室内环境中氡的浓度。采用木质室内装饰界面还可以有效地屏蔽氡的辐射。这对于净化和改善室内环境,创造良好的人居生活条件,有着重要的积极作用。

(3)有利于生物体生长发育

在自然条件下,生物体自身新陈代谢的合成作用大于分解作用时,体内养分得到一定的积累,才能生长。影响生物体生长发育的主要因素包括遗传和环境两大方面,其中环境因素是可以通过一定的方法改善的。

在室内装饰过程中,石材、胶黏剂等装饰材料所散发出的有害物质,严重威胁人类的生存环境和身体健康,影响人类正常的生长发育,甚至会引起某些器官的病变。木材不仅不会给生物体生长发育带来负面的影响,还有益于生物体的生长发育和繁衍繁殖,这与其天然的调节功能是密不可分的。

相关研究发现,癌症患者由于肺癌、乳腺癌、肝癌而死亡的,与室内空间中木材的使用呈单一负相关性。由木材构成的室内空间,能够使过敏患者的患病率比在其他材料构成的空间中减少50%以上,而且更能使人摆脱压抑、郁闷的心情和疲劳的精神状态。据报道,人的出生率与室内环境所用材料有关。室内污染对人身体的危害如图5-36所示,劣质的室内装饰材料造成疾病的发生,必然会对身体发育,乃至繁衍后代起到负面的作用。木材构成的室内空间出生率比钢筋混凝土构成的室内空间出生率高24%左右。以上内容充分说明,木材所构成的室内空间大大优于其他材料所构成的室内空间。室内空间中木材的使用,有利于室内环境中人体的生理调节和生物体的生长发育。

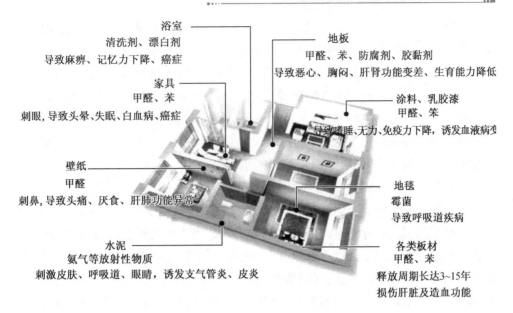

浴室
清洗剂、漂白剂
导致麻痹、记忆力下降、癌症

地板
甲醛、苯、防腐剂、胶黏剂
导致恶心、胸闷、肝肾功能变差、生育能力降低

家具
甲醛、苯
刺眼,导致头晕、失眠、白血病、癌症

涂料、乳胶漆
甲醛、笨
导致嗜睡、无力、免疫力下降,诱发血液病变

壁纸
甲醛
刺鼻,导致头痛、厌食、肝肺功能异常

地毯
霉菌
导致呼吸道疾病

水泥
氨气等放射性物质
刺激皮肤、呼吸道、眼睛,诱发支气管炎、皮炎

各类板材
甲醛、苯
释放周期长达3~15年
损伤肝脏及造血功能

图 5-36   室内污染对人身体的危害

6.3　木材其他生态学属性在室内设计中的应用

　　森林这一具有重要自然资源的生态系统,发挥着固碳制氧的重要功能。木材取于自然,是重要的碳素储存库。利用木材固碳、储碳的生态学属性,可以提高自然环境的生态效益,为人类营造舒适的室内微环境提供了有力的保障。

　　碳以多种形式广泛存在于大气和地壳中,是一种很常见的元素,从其存在形式与状态来看,碳的主要来源是大气。树木通过光合作用,吸收空气中的二氧化碳,生成葡萄糖和氧气,在其吸收二氧化碳的过程中,主要是把二氧化碳以有机物的形式储存、固定在自身内部。

　　研究表明,树木在光合作用的过程中每产生 1 t 生物质就要吸收大约 1.6 t 的二氧化碳,释放出 1.1 t 氧气,固碳量达 0.5 t 左右。木材是一种由天然高聚物形成的复合体,其组成元素的 50% 为碳,只要不被当作薪材燃烧,以任何形式存在都具有良好的固碳效果,并且不会因为存在形式的改变而减少对碳素的储存。

在室内装饰界面材料中,木材在加工过程中消耗的能源和排放的二氧化碳量都是最小的。据统计,生产同样质量的材料,木材所消耗的能源大概是铝制品的1%,甚至更少;钢铁所消耗的能源大概是木材所消耗的能源的50倍以上。除此之外,在运输过程中,木材所消耗的能源也远远小于其他材料所消耗的能源,这是因为木材具有质量轻、强度大的特点。木材在加工和运输过程中低耗能的优势是其他室内装饰界面材料所无法比拟的,而这正是由木材良好的生态学属性决定的。木材的生态学属性,不仅对保护大气环境起到了突出作用,而且铸就了木材在室内装饰界面材料中的稳固地位。

木材是可再生资源,具有可生物降解的特性。材料在使用后最终会被人类废弃,木材也是如此,废弃的木材是天然可降解材料,属于生物质能源,和其他废弃的材料相比不存在固态废弃物遗留问题。木材在使用后,还可以经过不断翻新,被多次循环利用。木材可再生、固碳制氧的生态学属性,可以抑制二氧化碳的排放,缓解"温室效应",保证生态系统的自然平衡。木材所创造出的环境效益与人类的生存及发展密切相关。在室内装饰中,用木材替代其他材料,既有益于室内环境的健康发展,又对自然环境的可持续发展起到了至关重要的积极作用。

人类对原始森林的过量采伐,致使森林资源遭到破坏。要合理地对森林资源进行有效利用,杜绝乱砍滥伐。

木材是室内装饰材料中唯一能够自然再生、永续利用的材料,可是把木材当作唯一的室内装饰材料并非是对人的健康最为有利的做法。木材的天然属性固然对人的健康有益,但是在室内环境中过量使用木材并不会增强其积极的影响,反而会使人产生负面的视觉心理感受,甚至会对自然环境造成严重的破坏。

室内空间中木材的使用率(简称木材率)与人的温暖感、稳静感、舒畅感等有着密切的联系,过高或过低的木材率都会影响人在室内空间中的视觉心理感受。研究表明,室内空间中,木材率为45%时,人的温暖感最为强烈,当木材率高于或低于这个值时,人的温暖感都会明显下降;木材率为20%~70%时,人的稳静感最为适宜,当木材率高于或低于这个值时,人的稳静感并不会有明显的变化;木材率为40%~60%时,人的舒畅感达到顶峰,当木材率过高或过低时,人的舒畅感都会有所下降;木材率为45%时,人对环境的上乘感评价值最高,当木材率高于或低于这个值时,人类对环境的上乘感评价值会降低(如图5-37至5-41为木材率过高的室内空间)。因此,合理地利用木材作为室内装饰材料,对于自然大环境和室内小环境都具有积极的意义。

图 5 – 37 木材率过高的室内空间(1)

图 5 – 38 木材率过高的室内空间(2)

图 5 – 39 木材率过高的室内空间(3)

图 5 – 40 木材率过高的室内空间(4)

图 5 – 41 木材率过高的室内空间(5)

6.4　本章小结

为构建良好的室内环境,本章以木材自然美与艺术性、智能性调节功能及其他生态学属性在室内设计中的应用为切入点,检验了木材在室内装饰界面材料中的优越性,论述了木材对人类健康及室内环境的良性调节作用,进而提出只有合理利用木材作为室内装饰材料,才能创造舒适健康的室内环境。从应用角度提取木材生态学属性特征,旨在发挥木材的生态学属性,营造优质的室内环境,实现生态环境系统的可持续发展。

7 结 论

本书在借鉴前人研究成果的基础上,关注室内设计健康发展,以把合理利用木材当作室内装饰材料行业生态化发展方向为指导思想,采用理论分析、物理实验、数值建模相结合的研究手段,对影响室内微环境的室内装饰界面材料进行研究,主要研究成果如下。

(1)提出了从环境学和心理生理学角度出发对室内装饰界面材料生态学属性试验参数进行研究,确定了室内装饰界面材料生态学属性指标(颜色、光泽度、光反射性、纹理美观程度、冷暖感、粗滑感、软硬感、吸声性、隔声性、振动频率、音调、响度、音色、气味),并根据室内装饰界面材料生态学属性试验参数重要性权衡结果以及业内权威意见,选定了本书的室内装饰界面材料生态学属性试验参数:光反射性、光泽度、冷暖感、隔声性、吸声性。

(2)解决了目前国内外关于室内装饰界面材料生态学属性试验的研究很少,仅有的几个研究均是以木材单一材料为研究对象,且研究方式单一的问题,在分析室内装饰界面材料的生态学属性的同时,开展了室内装饰界面材料生态学属性参数试验,选定最具代表性的木材、金属、玻璃、石材、石膏为研究对象,进行常用室内装饰界面材料生态学属性参数(光反射性、光泽度、冷暖感、隔声性和吸声性)试验。结果表明,木材较其他常用室内装饰界面材料具有良好的生态学属性;虽然由于石膏的光反射性和光泽度都略高于木材,在光反射性和光泽度试验中,石膏的属性都略微优于木材,但不影响木材综合指标的优越性。为了进一步验证木材的生态学属性优势,选取综合反映室内装饰界面材料视觉特点,并能够在一定程度上与室内装饰效果评价有关的 8 种视觉心理感觉,运用主观评价法,进行室内装饰界面材料视觉心理感觉评价试验。结果表明,木材较其他室内装饰界面材料具有明显的生态学属性优势。

(3)剖析了运用层次分析法评价室内装饰界面材料生态学属性的可行性,建立了室内装饰界面材料层次分析结构模型,验证了木材的生态学属性优势,层次分析法能够将复杂的决策问题分解为本质和其影响因素,从而剖析其内在联系,以进行深入解析。运用层次分析法评价常用室内装饰界面材料生态学属性,可以对层次结构的整体问题进行综合评价,通过对感官属性及其附属属性进行逐层分解,变整体评价为单准则评价,在多个单准则评价的基础上进行综合评价。对各指标按照重要的程度进行量化标度、权重分析,并检验调整比较链的传递性,使检验结果与逻辑分析一致,进而建立室内装饰界面材料层次分析结构模型,运用试验数据进行逆归一化计算,提出常用室内装饰界面材料的优选综合排名依次为木材、石膏板、石材、玻璃、金属,验证了木材在室内装饰常用界面材料中的生态学属性优势。

(4)探讨了木材生态学属性在室内设计中的实际应用,检验了木材在常用室内装饰界面材料中的优越性。探讨了木材自然美与艺术性、智能性调节功能及其他生态学属性在室内设计中的应用,提出了只有合理利用作为室内装饰界面材料的木材,才能创造舒适健康的室内微环境,进一步验证了木材生态学属性的优越性在室内装饰界面材料中的应用价值。

如上所述,本研究对木材生态学属性的应用进行了系统而深入的研究。但是,为了进一步完善研究成果,还有以下几个方面的内容尚待更深入的探究。

(1)深入探索,研究新型室内装饰界面材料。

在探讨木材生态学属性的基础上,研究发掘具有自然再生、永续利用性质的新型室内装饰界面材料。

(2)废物利用,回收废旧木材。

为提高木材的利用率,对废旧的用作室内装饰界面材料的木材进行回收再利用,提高利用率。

(3)改进性能,对木材进行深加工。

对木材进行深加工,减少或避免加工和使用过程中开裂、变形等现象的产生,提高木材作为室内装饰界面材料运用的性能和利用率,改进低质木材性能。

上述提及的仅是木材生态学属性的应用需要进一步研究的一部分问题。目前,虽然面临的难题和困难还有许多,但随着各国科技工作者的不懈努力,这些问题最终会得到彻底解决。

附录 室内装饰界面材料视觉心理感觉评价调查问卷

性别： 年龄： 学历： 职业： 地域：

请您对以下 6 种室内装饰界面材料进行 8 种视觉心理感觉的评价。

6 种室内装饰界面材料为樟子松板、柞木板、不锈钢板、平板玻璃板、花岗岩板、石膏板，如图 1 至图 6 所示。

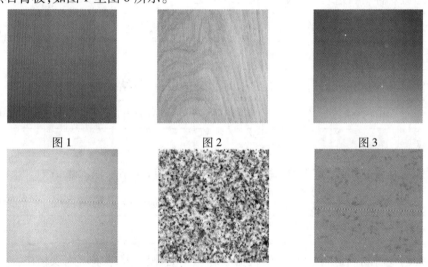

图 1　　　　　　　　　图 2　　　　　　　　　图 3

图 4　　　　　　　　　图 5　　　　　　　　　图 6

8 种视觉心理感觉为"优美""温暖""豪华""自然""舒适""素雅"和"明快""刺激"。

评价标准分为 7 级，评价语言与评价尺度的例示如图 7 所示。

形容词 (反) [例：人工的]	-3	-2	-1	0	1	2	3	形容词 (正) [自然的]
	非常	很	稍	两可	稍	很	非常	

图 7

例如,您觉得樟子松板很优美,其对应值为2,那么评价结果为2,请您将2填入表格中;您觉得不锈钢板很不优美,其对应值为-2,那么评价结果为-2,请您将-2填入表格中。

	樟子松板	柞木板	不锈钢板	平板玻璃板	花岗岩板	石膏板
优美	2		-2			

1. 请您对6种材料进行"优美"视觉心理感觉的评价,将结果填入表格中。

	樟子松板	柞木板	不锈钢板	平板玻璃板	花岗岩板	石膏板
优美						

2. 请您对6种材料进行"温暖"视觉心理感觉的评价,将结果填入表格中。

	樟子松板	柞木板	不锈钢板	平板玻璃板	花岗岩板	石膏板
优美						

3. 请您对6种材料进行"豪华"视觉心理感觉的评价,将结果填入表格中。

	樟子松板	柞木板	不锈钢板	平板玻璃板	花岗岩板	石膏板
优美						

4. 请您对6种材料进行"自然"视觉心理感觉的评价,将结果填入表格中。

	樟子松板	柞木板	不锈钢板	平板玻璃板	花岗岩板	石膏板
优美						

5. 请您对6种材料进行"舒适"的视觉心理感觉的评价,将结果填入表格中。

	樟子松板	柞木板	不锈钢板	平板玻璃板	花岗岩板	石膏板
优美						

6. 请您对6种材料进行"素雅"视觉心理感觉的评价,将结果填入表格中。

	樟子松板	柞木板	不锈钢板	平板玻璃板	花岗岩板	石膏板
优美						

7. 请您对6种材料进行"明快"视觉心理感觉的评价,将结果填入表格中。

	樟子松板	柞木板	不锈钢板	平板玻璃板	花岗岩板	石膏板
优美						

8. 请您对6种材料进行"刺激"视觉心理感觉的评价,将结果填入表格中。

	樟子松板	柞木板	不锈钢板	平板玻璃板	花岗岩板	石膏板
优美						

参 考 文 献

[1] 董振怀.低碳经济在室内设计中的应用[J].沧州师范专科学校学报,2010,26(2):30-31.

[2] 施维林,张艳华,孙立夫.生态与环境[M].杭州:浙江大学出版社,2006.

[3] 张文燕.可持续发展与绿色室内环境[M].北京:机械工业出版社,2008.

[4] 尹奇德.环境与生态概论[M].北京:化学工业出版社,2008.

[5] 杜肇铭.低碳经济理念在室内设计中的体现[J].文艺争鸣,2010,12(6):48-50.

[6] 魏力.建筑室内装修施工中建材选择的低碳理念应用[J].福建建材,2010,118(5):52-54.

[7] 李振路.装饰材料与室内空气污染[J].大众科技,2005,83(9):131-132.

[8] 葛新亚,高睿君.建筑装饰材料对室内环境污染的分析[J].安徽职业技术学院学报,2007,6(2):7-10.

[9] 许杰青,苏继会.浅谈生态建筑材料的发展[J].安徽建筑,2006(3):17-21.

[10] 李燚平.卫浴用新型木质复合材料的制备及性能研究[D].北京:北京林业大学,2010.

[11] 高谦,杨军.低碳建筑材料市场发展的影响因素分析:以木材为例[J].建筑经济,2010(7):107-110.

[12] PIOTROWSKI C M. Professional Practice for Interior Designers[M]. Hoboken, N. J.:John Wiley & Sons. 2008.

[13] 佟理.浅析"以人为本"的室内生态环境设计[J].新课程(教育学术),2010(1):96.

[14] 李飞跃,银清华.建筑装饰的环保性探索[J].中国对外贸易(英文版),2010(24):399.

[15] 张彦军.绿色设计在室内设计中的应用[J].河南机电高等专科学校学报,2008(6):107-108.

[16] 周冠强.室内设计的发展趋势:浅论绿色室内设计[J].魅力中国,2010(1): 200 – 202.

[17] 卢朗.室内生态设计的目的、基本要素和方法[J].装饰,2005,151(11):121 – 122.

[18] 孙静.室内环境的生态化研究[D].咸阳:西北农林科技大学,2005.

[19] BERGEN S D. Design principles for ecological engineering[J]. Ecological Engineering 2001,18(2):201 – 210.

[20] YANG K. Ecodesign:A Manual for Ecological Design [M]. London: Wiley,2006.

[21] Jones D L. Architecture and the Environment:Bioclimatic Building Design[M]. London:The Overlook Press,1998.

[22] 魏强,张效祢.室内环境的生态设计[J].郑州轻工业学院学报,2005(6): 49 – 50.

[23] 李晓.从视觉层面研究室内装饰材料的表现与应用[D].北京:中央美术学院,2006.

[24] 陈娜.浅谈室内装饰材料与环保[J].现代交际,2011(3):119.

[25] 山本良一.环境材料[M].北京:化学工业出版社,1997.

[26] 姚欢,胡旻锟.环境材料在发展低碳经济中的应用[J].环境科技,2010,23 (2):128 – 131.

[27] 赵梅红.浅议生态环保材料在现代室内设计中的应用[J].艺术与设计(理论),2007(9):85 – 86.

[28] 许杰青,苏继会.浅谈生态建筑材料的发展[J].安徽建筑,2006(3): 17 – 21.

[29] 李坚.木材的生态学属性:木材是绿色环境人体健康的贡献者[J].东北林业大学学报,2010,39(38):1 – 8.

[30] 于伸.现代木结构房屋的设计探讨[D].哈尔滨:东北林业大学,2003.

[31] 孙承磊.当代文化与技术背景下木材的表现[D].南京:东南大学,2005.

[32] 黎姣.木材在中国当代建筑中的应用[D].上海:同济大学,2008.

[33] 徐翠翠.生态理念在室内设计中的应用探索[D].长春:东北师范大学,2010.

[34] 卢光伟.木构在景观中运用的技术研究[D].南京:南京林业大学,2008.

[35] YAGI K. Consider materials development in a global scale-concept of eco-materials and development of metallic materials(in Japanese)[J]. Kinzoku,1993,63(6):5.

[36] 陆根书,杨兆芳.学习环境研究及其发展趋势述评[J].高等工程教育研究, 2008(2):17－21.

[37] ENGER E D. SMITH B F. Environmental Science:A Study of Interrelationships [M].7th edition. New York:McGraw－Hill,2000.

[38] 周国强,张青.环境保护与可持续发展概论[M].北京:中国环境科学出版社,2010.

[39] 郝世明,李娟香.室内空气污染物及检测方法[J].科技促进发展,2011(4):171.

[40] 王秋衡,彭伟,张宜文,等.金属冶炼企业大气污染的安全评价[J].安全与环境工程,2004,11(6):14－16.

[41] 李特雷.论心理－生理学中的一些问题[J].新美术,2006,27(4):70－75.

[42] 姜乾金.医学心理学[M].北京:人民卫生出版社,2002.

[43] 刘一星,于海鹏,赵荣军.木质环境学[M].北京:科学出版社,2007.

[44] 邱肇荣,王举伟.木材与室内环境特性的研究[J].吉林林学院学报,1998, 14(3):173－175.

[45] 刘百军,韩德军.室内装饰光污染与危害[J].黑龙江科技信息,2010 (5):262.

[46] 王建军.花岗石磨抛光的表面光泽度特性[J].华侨大学学报(自然科学版),2007,28(3):225－227.

[47] SAKURAGAWA S,MARUYAWA N,HIRAI N. Evaluation of contact thermal comfort of floor by heat-flow[J]. Mokuzai Gakkishi,1991,37(8):753－757.

[48] 柳孝图.建筑物理[M].2版.北京:中国建筑工业出版社,2000.

[49] 徐科峰.建筑环境学[M].北京:机械工业出版社,2003.

[50] 李坚,刘一星,方桂珍.木材表面视觉环境学特性分析(Ⅱ):视觉心理量的解析[J].木材工业,1995,9(3):20－23.

[51] 刘一星,李坚,郭明辉,等.中国110树种木材表面视觉物理量的分布特征 [J].东北林业大学学报,1995,23(1):52－57.

[52] 刘一星,李坚,王矛棣.木材表面视觉环境学特性分析(Ⅰ):木材表面视觉物理量与视觉心理量的关系[J].木材工业,1995,9(2):14－17.

[53] 吴昊,于文波.设计与材料:木材篇[J].环境与材料,2004(4):40－46.

[54] 黄殿鹏. 木质材料特性在室内设计中的设计原理[J]. 科协论坛,2010(5):93 – 94.

[55] 彭洪斌. 木材在建筑环境中的生态价值与应用研究[D]. 无锡:江南大学,2005.

[56] 李坚,董玉库,刘一星. 木材、人类与环境(续)[J]. 家具,1992,66(2):14 – 15.

[57] 葛绪君. 木材及木质材料对居室环境的影响探析[J]. 林业机械与木工设备,2010,38(3):10 – 13.

[58] YAMAGUCHI T,MIYAZAKI Y,SATO H. Effect of visual stimulation by color on sensory evaluation,central and autonomic nervous activities[J]. Journal of Physiological Anthropology and Applied Human Science,2001,20(5):304.

[59] TSUNETSUGU Y,MIYAZAKI Y,SATO H. The visual effects of wooden interiors in actual-size living rooms on the autonomic nervous activities[J]. Journal of Physiological Anthropology and Applied Human Science,2002,21(6):297 – 300.

[60] TSUNETSUGU Y,MIYAZAKI Y,SATO H. Visual effects of interior design in actual-size living rooms on physiological responses[J]. Building and Environment,2005,40(10):1341 – 1346.

[61] TSUNETSUGU Y,MIYAZAKI Y,SATO H. Physiological effects in humans induced by in visual stimulation of room interiors with different wood quantities[J]. Journal of Wood Science,2007,53(1):11 – 16.

[62] 齐藤幸司,冈部敏弘,稻森善彦. モノテルペンの生物学的特性モノテルペンのラットに対する血圧降下作用と抗真菌効果[J]. 木材学会志,1996,42(7):677.

[63] 王松永,卓志隆. 内装材料の調湿性能の評価について[J]. 木材学会志,1994,40(2):220.

[64] 李坚. 木材科学研究[M]. 北京:科学出版社,2009.

[65] 赵荣军,李坚,刘一星. 木质居室环境对哺乳动物一些生理指标的影响[J]. 林业科学,2004,40(3):198 – 203.

[66] 李坚. 木材的碳素储存与环境效应[J]. 家具,2007,157(3):32 – 36.

后　记

　　承蒙哈尔滨学院青年博士科研启动基金项目（HUDF2017220）对本书的资助，特致殷切谢意！

　　本书是在导师王逢瑚教授的悉心指导和大力支持下完成的。先生渊博的学识、严谨的态度，让我受益终生。在本书撰写的整个过程中，先生都倾注了大量的心血。在本书即将付梓之时，谨向先生表示由衷的敬意和感谢！

　　新书出版犹如新生命的诞生，回想整个撰写的过程，此时只有期盼和欣慰，我愿意将自己的点滴感悟与大家分享，希望能够得到设计和材料相关专业同仁的认可。

　　衷心感谢李坚院士在本书的选题阶段给予的启发与指导，使我有了跨学科研究学习的机会。承蒙刘一星教授、刘镇波教授和于海鹏教授等老师和同窗们的热心指导与帮助，在此表示衷心的感谢！同时，还要感谢本书所有参考文献的作者，他们的研究成果为本书提供了很好的参考和借鉴！

　　虽然本人已尽最大的努力，但书中难免存在不尽如人意之处，恳请专家、同行批评指正。

杨　扬

2019 年 6 月